教科書ガイド 数研出版 版 高等学校 数学B

本書は，数研出版が発行する教科書「高等学校 数学B ［数B/711］」に沿って編集された，教科書の 公式ガイドブック です。教科書のすべての問題の解き方と答えに加え，例と例題の解説動画も付いていますので，教科書の内容がすべてわかります。また，巻末には，オリジナルの演習問題も掲載していますので，これらに取り組むことで，更に実力が高まります。

本書の特徴と構成要素

1　教科書の問題の解き方と答えがわかる。予習・復習にピッタリ！

2　オリジナル問題で演習もできる。定期試験対策もバッチリ！

3　例・例題の解説動画付き。教科書の理解はバンゼン！

まとめ	各項目の冒頭に，公式や解法の要領，注意事項をまとめてあります。
指針	問題の考え方，解法の手がかり，解答の進め方を説明しています。
解答	指針に基づいて，できるだけ詳しい解答を示しています。
別解	解答とは別の解き方がある場合は，必要に応じて示しています。
注意 など	問題の考え方，解法の手がかり，解答の進め方で，特に注意すべきことや参考事項などを，必要に応じて示しています。

演習編	巻末に，教科書の問題の類問を掲載しています。これらの問題に取り組むことで，教科書で学んだ内容がいっそう身につきます。また，章ごとにまとめの問題も取り上げていますので，定期試験対策などにご利用ください。

デジタルコンテンツ	二次元コードを利用して，教科書の例・例題の解説動画や，巻末の演習編の問題の詳しい解き方などを見ることができます。

目　次

ギリシャ文字の表

大文字	小文字	読み方
A	α	アルファ
B	β	ベータ
Γ	γ	ガンマ
Δ	δ	デルタ
E	ε	エプシロン
Z	ζ	ゼータ
H	η	エータ
Θ	θ	シータ

大文字	小文字	読み方
I	ι	イオタ
K	κ	カッパ
Λ	λ	ラムダ
M	μ	ミュー
N	ν	ニュー
Ξ	ξ	クシー
O	o	オミクロン
Π	π	パイ

大文字	小文字	読み方
P	ρ	ロー
Σ	σ	シグマ
T	τ	タウ
Υ	υ	ユプシロン
Φ	ϕ	ファイ
X	χ	カイ
Ψ	ψ	プサイ
Ω	ω	オメガ

〈デジタルコンテンツ〉

次のものを用意しております。　　　　　　　　デジタルコンテンツ ➡

① 教科書「高等学校数学B[数B/711]」の例・例題の解説動画

② 演習編の詳解

③ 教科書「高等学校数学B[数B/711]」
　と青チャート，黄チャートの対応表

第1章 | 数列

第1節 等差数列と等比数列

1 数列と一般項

1 数列

数を一列に並べたものを **数列** といい，数列における各数を **項** という。数列の項は，最初の項から順に第1項，第2項，第3項，……といい，n 番目の項を **第 n 項** という。とくに，第1項を **初項** ともいう。

注意 項の個数が有限である数列を **有限数列**，項が限りなく続く数列を **無限数列** ということがある。

2 数列の表し方

数列を一般的に表すには，右のように書く。$a_1,\ a_2,\ a_3,\ \cdots\cdots,\ a_n,\ \cdots\cdots$

この数列を $\{a_n\}$ と略記することもある。

3 数列の一般項

数列 $\{a_n\}$ の第 n 項 a_n が n の式で表されるとき，n に 1，2，3，……を順に代入すると，数列 $\{a_n\}$ の初項，第2項，第3項，……が得られる。

このような a_n を数列 $\{a_n\}$ の **一般項** という。

A 数列の表記

教 p.8

練習1 教科書の数列①　1，4，9，16，……の第2項と第4項をいえ。また，第5項を求めよ。

指針 数列の項 自然数 1，2，3，4，……を図のように正方形状に並べていく。このとき，上端に並ぶ数を左から順に取り出すと

$$1,\ 4,\ 9,\ 16,\ 25,\ \cdots\cdots$$

である。

1	4	9	16	25
2	3	8	15	24
5	6	7	14	23
10	11	12	13	22
17	18	19	20	21
26	27	…	…	…

解答 数列 1，4，9，16，……

の第2項は 4，第4項は **16** 答

また，教科書の図の 23 の上は，下から順に 24，25 となる。

よって，第5項は **25** 答

別解 $1=1^2$，$4=2^2$，$9=3^2$，$16=4^2$ であるから，この数列は

$$1^2,\ 2^2,\ 3^2,\ 4^2,\ \cdots\cdots$$

と考えられる。したがって，第5項は　　$5^2=25$　答

練習 2　　教 p.9

一般項が次の式で表される数列 $\{a_n\}$ について，初項から第4項までを求めよ。

(1) $a_n=2n-1$　　　　(2) $a_n=n(n+1)$　　　　(3) $a_n=2^n$

指針 **数列の一般項と項**　一般項 a_n の式に $n=1$，2，3，4 を順に代入する。

解答 (1) $a_1=2\cdot1-1=1,$　　　$a_2=2\cdot2-1=3,$　　　$a_3=2\cdot3-1=5,$

$a_4=2\cdot4-1=7$　答

(2) $a_1=1\cdot(1+1)=2,$　　$a_2=2(2+1)=6,$　　$a_3=3(3+1)=12,$

$a_4=4(4+1)=20$　答

(3) $a_1=2^1=2,$　　　　$a_2=2^2=4,$　　　　$a_3=2^3=8,$

$a_4=2^4=16$　答

B 数列の一般項を n の式で表す

練習 3　　教 p.9

次のような数列の一般項 a_n を，n の式で表せ。

(1) 偶数 2，4，6，8，…… の数列で符号を交互に変えた数列

$$-2,\ 4,\ -6,\ 8,\ \cdots\cdots$$

(2) 分子には奇数，分母には2の累乗が順に現れる分数の数列

$$\frac{1}{2},\ \frac{3}{4},\ \frac{5}{8},\ \frac{7}{16},\ \cdots\cdots$$

指針 **数列の一般項**　1つの数列の中に2つの異なる規則性がある場合，それぞれを別々に考えてから，それらを組み合わせる。

解答 (1) 偶数 2，4，6，8，…… の数列に着目すると

$$2\cdot1,\ 2\cdot2,\ 2\cdot3,\ 2\cdot4,\ \cdots\cdots$$

であるから，この数列の第 n 項は

$$2n\ \cdots\cdots\ ①$$

また，符号に着目し，-1 と1が交互に並ぶ数列を考えると，

この数列の第 n 項は　　$(-1)^n\ \cdots\cdots\ ②$

①，②から，求める数列の一般項は

$$a_n=(-1)^n\cdot2n$$　答

(2) 分子に着目すると，奇数の数列

$$1,\ 3,\ 5,\ 7,\ \cdots\cdots$$

であり

$$2 \cdot 1 - 1, \ 2 \cdot 2 - 1, \ 2 \cdot 3 - 1, \ 2 \cdot 4 - 1, \ \cdots\cdots$$

であるから，この数列の第 n 項は $\quad 2n-1 \quad \cdots\cdots ①$

また，分母に着目すると，2 の累乗の数列

$$2, \ 2^2, \ 2^3, \ 2^4, \ \cdots\cdots$$

であり，この数列の第 n 項は $\quad\quad\quad\quad\quad 2^n \quad \cdots\cdots ②$

①，②から，求める数列の一般項は

$$a_n = \frac{2n-1}{2^n} \quad \boxed{答}$$

教科書 8 ページの自然数を正方形状に並べた図において，自分で
定めた規則にしたがって数を取り出し数列を作ってみよう。
教 p.9

解答 （例 1 ） 左端に並ぶ数を上から順に取り出すと

$\quad\quad\quad$ 1, 2, 5, 10, 17, ……

（例 2 ） 1 から始めて右下に斜めに並ぶ数を順
に取り出すと

$\quad\quad\quad$ 1, 3, 7, 13, 21, ……

1	4	9	16	25
2	3	8	15	24
5	6	7	14	23
10	11	12	13	22
17	18	19	20	21

参考 上端の左から n 列目に並ぶ数は n^2 で表される。これをもとに考えると，例 1
の数列の第 n 項は上端の $(n-1)$ 列目の数 $(n-1)^2$ に 1 を足したものが並んで
いることから，一般項が $(n-1)^2+1=n^2-2n+2$ となる数列である（初項の 1
については，$1^2-2\cdot1+2=1$ と考える）。

また，例 2 の数列の第 n 項は上端の左から n 列目の数 n^2 より $n-1$ 小さい数
が並んでいることから，一般項が $n^2-(n-1)=n^2-n+1$ となる数列である。

2 等差数列

まとめ

1 等差数列

初項に一定の数 d を次々と足して得られる数列を **等差数列** といい，その一定の数 d を **公差** という。

例 初項 1，公差 2 の等差数列

$$1, \quad 3, \quad 5, \quad 7, \quad \cdots\cdots$$
$$\underbrace{\quad}_{+2} \underbrace{\quad}_{+2} \underbrace{\quad}_{+2}$$

初項 4，公差 -2 の等差数列

$$4, \quad 2, \quad 0, \quad -2, \quad \cdots\cdots$$
$$\underbrace{\quad}_{-2} \underbrace{\quad}_{-2} \underbrace{\quad}_{-2}$$

2 等差数列の一般項

初項 a，公差 d の等差数列 $\{a_n\}$ の一般項は

$$a_n = a + (n-1)d$$ ←等差数列の一般項は n の 1 次式

3 等差数列の性質

等差数列は，隣り合う 2 項の差が常に一定である。等差数列 $\{a_n\}$ について，すべての自然数 n で，次の関係が成り立つ。

$$a_{n+1} = a_n + d \quad \text{すなわち} \quad a_{n+1} - a_n = d$$

4 等差数列をなす 3 数

数列 a, b, c が等差数列 $\iff$ $2b = a + c$（b を **等差中項** という。）

A 等差数列

練習 4 次のような等差数列の初項から第 4 項までを書け。
(1) 初項 1，公差 5 　　(2) 初項 10，公差 -4

教 p.10

指針 **等差数列の項** 前の項に公差 d を足して，次の項を求める。

$$a_1, \quad a_2, \quad a_3, \quad a_4, \quad \cdots\cdots$$
$$\underbrace{\quad}_{+d} \underbrace{\quad}_{+d} \underbrace{\quad}_{+d}$$

解答 等差数列を $\{a_n\}$，公差を d とする。

(1) $a_2 = a_1 + d = 1 + 5 = 6$ ←a_1 は初項
$a_3 = a_2 + d = 6 + 5 = 11$
$a_4 = a_3 + d = 11 + 5 = 16$ 答 **1, 6, 11, 16**

(2)　$a_2=a_1+d=10+(-4)=6$
　　$a_3=a_2+d=6+(-4)=2$
　　$a_4=a_3+d=2+(-4)=-2$

答　**10, 6, 2, -2**

教 p.10

練習 5　次の等差数列の公差を求めよ。また，□に適する数を求めよ。

(1)　1, 5, 9, □, □, ……　　(2)　□, 5, 2, □, □, ……

指針　**等差数列の決定**　等差数列であるから，隣り合う2つの項に着目して，
(前の項)＋(公差)＝(後の項) により，公差を求める。

解答　等差数列を $\{a_n\}$，公差を d とする。

(1)　$1+d=5$ より　$d=5-1=4$　　　　←$a_1+d=a_2$
　　第4項 a_4 は　$a_4=9+4=13$　　　←$a_4=a_3+d$
　　第5項 a_5 は　$a_5=13+4=17$　　←$a_5=a_4+d$

答　**公差 4，□は順に 13, 17**

(2)　$5+d=2$ より　$d=2-5=-3$　　　←$a_2+d=a_3$
　　初項 a_1 は　$a_1+(-3)=5$ より　$a_1=8$　←$a_1+d=a_2$
　　第4項 a_4 は　$a_4=2+(-3)=-1$　←$a_4=a_3+d$
　　第5項 a_5 は　$a_5=-1+(-3)=-4$　←$a_5=a_4+d$

答　**公差 -3，□は順に 8, -1, -4**

B 等差数列の一般項

教 p.11

練習 6　次のような等差数列 $\{a_n\}$ の一般項を求めよ。また，第10項を求めよ。

(1)　初項 5，公差 4　　　　(2)　初項 10，公差 -5

指針　**等差数列の一般項**　初項 a，公差 d の等差数列 $\{a_n\}$ の一般項の公式
$a_n=a+(n-1)d$ にあてはめる。また，第10項は，得られた n の1次式に $n=10$ を代入すると求められる。

解答　(1)　一般項は　$a_n=5+(n-1)\cdot4$　すなわち　$a_n=4n+1$　答
　　　第10項は　$a_{10}=4\cdot10+1=41$　答
(2)　一般項は　$a_n=10+(n-1)\cdot(-5)$　すなわち　$a_n=-5n+15$　答
　　　第10項は　$a_{10}=-5\cdot10+15=-35$　答

教 p.11

練習 7　次のような等差数列 $\{a_n\}$ の一般項を求めよ。

(1)　第4項が 15，第8項が 27　　(2)　第5項が 20，第10項が 0

指針　**等差数列の一般項**　初項を a，公差を d として一般項の式を作り，与えられ

た値を代入して a と d についての連立方程式を立てる。

解答 初項を a, 公差を d とすると $\quad a_n = a + (n-1)d$

(1) 第4項が15であるから $\quad a + 3d = 15 \quad \cdots\cdots$ ①

第8項が27であるから $\quad a + 7d = 27 \quad \cdots\cdots$ ②

①, ②を解くと $\quad a = 6, \ d = 3$

よって，一般項は $\quad a_n = 6 + (n-1) \cdot 3 = 3n + 3$

すなわち $\quad \boldsymbol{a_n = 3n + 3}$ 答

(2) 第5項が20であるから $\quad a + 4d = 20 \quad \cdots\cdots$ ①

第10項が0であるから $\quad a + 9d = 0 \quad \cdots\cdots$ ②

①, ②を解くと $\quad a = 36, \ d = -4$

よって，一般項は $\quad a_n = 36 + (n-1) \cdot (-4) = -4n + 40$

すなわち $\quad \boldsymbol{a_n = -4n + 40}$ 答

C 等差数列の性質

練習8 教 p.12

一般項が $a_n = 2n + 5$ で表される数列 $\{a_n\}$ は等差数列であることを示せ。また，初項と公差を求めよ。

指針 **等差数列の性質** $a_{n+1} - a_n = d$ (一定) となれば，数列 $\{a_n\}$ は等差数列である。初項は a_1, 公差は d である。

解答 $a_n = 2n + 5$ であるから

$$a_{n+1} - a_n = \{2(n+1) + 5\} - (2n + 5) = 2$$

隣り合う2項の差が2で一定であるから，

数列 $\{a_n\}$ は公差2の等差数列である。 終

よって，**初項は $a_1 = 2 \cdot 1 + 5 = 7$, 公差は 2** 答

練習9 教 p.12

次の数列が等差数列であるとき，x の値を求めよ。

(1) $3, \ x, \ 11, \ \cdots\cdots$ (2) $\dfrac{1}{12}, \ \dfrac{1}{x}, \ \dfrac{1}{6}, \ \cdots\cdots$

指針 **等差数列をなす3数** 数列 a, b, c が等差数列をなすとき，$2b = a + c$ が成り立つ。

解答 (1) 数列 $3, x, 11$ は等差数列であるから $\quad 2x = 3 + 11$

よって $\quad 2x = 14$ したがって $\quad \boldsymbol{x = 7}$ 答

(2) 数列 $\dfrac{1}{12}, \dfrac{1}{x}, \dfrac{1}{6}$ は等差数列であるから

$$2 \cdot \frac{1}{x} = \frac{1}{12} + \frac{1}{6} \quad \text{よって} \quad \frac{2}{x} = \frac{1}{4}$$

両辺に $4x$ を掛けると $\quad 8 = x$ すなわち $\quad \boldsymbol{x = 8}$ 答

わざわざ公差を求める必要はないよ。

③ 等差数列の和

1 等差数列の和

等差数列の初項から第 n 項までの和を S_n とする。

① 初項 a，第 n 項 l のとき $S_n=\dfrac{1}{2}n(a+l)$

② 初項 a，公差 d のとき $S_n=\dfrac{1}{2}n\{2a+(n-1)d\}$

項の個数が有限である数列では，その項の個数を **項数** といい，最後の項を **末項** という。上の公式①は，初項 a，末項 l，項数 n の等差数列の和を表している。

2 自然数の和，奇数の和

$$1+2+3+\cdots\cdots+n=\dfrac{1}{2}n(n+1)$$ ←初項 1，末項 n，項数 n

$$1+3+5+\cdots\cdots+(2n-1)=n^2$$ ←初項 1，末項 $2n-1$，項数 n

A 等差数列の和の公式

練習10 教 p.14

次の和 S を求めよ。

(1) 初項 2，末項 10，項数 9 の等差数列の和

(2) 初項 10，公差 -4 の等差数列の初項から第 15 項までの和

指針 等差数列の和

(1) 初項 a，末項 l，項数 n の等差数列の和 S_n は

$$S_n=\dfrac{1}{2}n(a+l)$$ ←$\dfrac{1}{2}$×項数×(初項＋末項)

(2) 初項 a，公差 d の等差数列の初項から第 n 項までの和 S_n は

$$S_n=\dfrac{1}{2}n\{2a+(n-1)d\}$$

解答 (1) $S=\dfrac{1}{2}\cdot9(2+10)=54$ 答

(2) $S=\dfrac{1}{2}\cdot15\{2\cdot10+(15-1)\cdot(-4)\}=-270$ 答

練習11 教 p.14

初項 1，公差 2 の等差数列の初項から第 n 項までの和 S_n を求めよ。

指針 **等差数列の和** 初項 a，公差 d の等差数列の初項から第 n 項までの和 S_n は

$$S_n=\frac{1}{2}n\{2a+(n-1)d\}$$

解答 $S_n=\frac{1}{2}n\{2\cdot1+(n-1)\cdot2\}$

$=\frac{1}{2}n\cdot2n$

$=n^2$ 答

練習
12

教 p.14

次の等差数列の和 S を求めよ。

(1)　2，6，10，……，74　　　　(2)　102，96，90，……，6

指針 **等差数列の和** 初項と末項はわかっているため，項数を求めれば等差数列の
和の公式を使うことができる。

解答 (1)　この等差数列の初項は 2

公差は初項，第 2 項より　$6-2=4$

項数を n とすると，$2+(n-1)\cdot4=74$ より　$n=19$

よって　$S=\frac{1}{2}\cdot19(2+74)=\boldsymbol{722}$　答

(2)　この等差数列の初項は 102

公差は初項，第 2 項より　$96-102=-6$

項数を n とすると，$102+(n-1)\cdot(-6)=6$ より　$n=17$

よって　$S=\frac{1}{2}\cdot17(102+6)=\boldsymbol{918}$　答

B 自然数の和，奇数の和

練習
13

教 p.15

次の和を求めよ。

(1)　1 から 100 までのすべての自然数の和　$1+2+3+\cdots\cdots+100$

(2)　1 から 55 までのすべての奇数の和　$1+3+5+\cdots\cdots+55$

指針 **自然数の和，奇数の和**

自然数の和　$1+2+3+\cdots\cdots+n=\frac{1}{2}n(n+1)$

奇数の和　　$1+3+5+\cdots\cdots+(2n-1)=n^2$

解答 (1)　$1+2+3+\cdots\cdots+100=\frac{1}{2}\cdot100(100+1)=\boldsymbol{5050}$　答

(2)　$1+3+5+\cdots\cdots+55=1+3+5+\cdots\cdots+(2\cdot28-1)$

$=28^2=\boldsymbol{784}$　答

C 等差数列の和の最大

> **練習 14** 初項が 100, 公差が -7 である等差数列 $\{a_n\}$ がある。
>
> (1) 第何項が初めて負の数になるか。
>
> (2) 初項から第何項までの和が最大であるか。また, その和を求めよ。

指針 **等差数列の項の正負と和の最大**

(1) $a_n < 0$ を満たす最小の自然数 n を求める。

(2) 第 k 項が初めて負になるとき, 初項から第 $(k-1)$ 項までの和が最大になる。

解答 (1) 一般項は $\quad a_n = 100 + (n-1)\cdot(-7)$

すなわち $\quad a_n = -7n + 107$

$-7n + 107 < 0$ より $\quad n > \dfrac{107}{7}$ $\qquad\qquad \leftarrow \dfrac{107}{7} = 15.2\cdots$

これを満たす最小の自然数 n は $\quad n = 16$

したがって, 初めて負の数になる項は, **第 16 項** である。 答

(2) (1)より, **初項から第 15 項まで** の和が最大となり, その和は

$$\frac{1}{2}\cdot 15\{2\cdot 100 + (15-1)\cdot(-7)\} = \mathbf{765} \quad 答$$

補足 第 k 項が初めて負になるとき, $S_2 - S_1 = a_2 > 0$, $S_3 - S_2 = a_3 > 0$, $\cdots\cdots$

$S_{k-1} - S_{k-2} = a_{k-1} > 0$ より $\quad S_2 > S_1$, $S_3 > S_2$, $\cdots\cdots$,

$S_{k-1} > S_{k-2}$ すなわち $\quad S_1 < S_2 < S_3 < \cdots\cdots < S_{k-2} < S_{k-1}$ $\cdots\cdots$ ①

$S_k - S_{k-1} = a_k < 0$, $S_{k+1} - S_k = a_{k+1} < 0$, $\cdots\cdots$より

$S_k < S_{k-1}$, $S_{k+1} < S_k$, $\cdots\cdots$

すなわち $\quad S_{k-1} > S_k > S_{k+1} > \cdots\cdots$ $\cdots\cdots$ ②

①, ②より, S_{k-1}, すなわち, 初項から第 $(k-1)$ 項までの和が最大になることがわかる。

4 等比数列

まとめ

1 等比数列

初項に一定の数 r を次々と掛けて得られる数列を **等比数列** といい，その一定の数 r を **公比** という。

例 初項が 3，公比が 2 の等比数列

$$3, \quad 6, \quad 12, \quad 24, \quad \cdots\cdots$$
$$\times 2 \quad \times 2 \quad \times 2$$

注意 一般に，等比数列の初項と公比は 0 であってもよいが，教科書で扱う等比数列は，初項も公比も 0 でないものとする。

2 等比数列の一般項

初項 a，公比 r の等比数列 $\{a_n\}$ の一般項は

$$a_n = ar^{n-1} \qquad\qquad \leftarrow r^0 = 1 \text{ より } a_1 = a \cdot r^0 = a$$

3 等比数列の性質

等比数列は，隣り合う 2 項の比が常に一定である。等比数列 $\{a_n\}$ について，すべての自然数 n で，次の関係が成り立つ。

$$a_{n+1} = ra_n \quad \text{すなわち} \quad \frac{a_{n+1}}{a_n} = r$$

4 等比数列をなす 3 数

a, b, c が 0 でないとき，次のことが成り立つ。

数列 a, b, c が等比数列 $\iff$ $b^2 = ac$ （b を **等比中項** という。）

A 等比数列

教 p.16

練習 15 次のような等比数列の初項から第 4 項までを書け。

(1) 初項 1，公比 5

(2) 初項 -3，公比 $-\dfrac{1}{3}$

指針 等比数列の項 前の項に公比 r を掛けて，次の項を求める。

$$a_1, \quad a_2, \quad a_3, \quad a_4, \quad \cdots\cdots$$
$$\times r \quad \times r \quad \times r$$

解答 等比数列を $\{a_n\}$，公比を r とする。

(1) $a_2 = a_1 r = 1 \cdot 5 = 5, \qquad a_3 = a_2 r = 5 \cdot 5 = 25$

$a_4 = a_3 r = 25 \cdot 5 = 125$

答 **1, 5, 25, 125**

(2) $a_2 = -3\left(-\dfrac{1}{3}\right) = 1, \qquad a_3 = 1 \cdot \left(-\dfrac{1}{3}\right) = -\dfrac{1}{3}$

$$a_4 = \left(-\frac{1}{3}\right) \cdot \left(-\frac{1}{3}\right) = \frac{1}{9}$$

答 $-3,\ 1,\ -\frac{1}{3},\ \frac{1}{9}$

練習16 教 p.16

次の等比数列の公比を求めよ。また，□に適する数を求めよ。

(1) $1,\ -2,\ 4,\ \square,\ \cdots\cdots$ (2) $\square,\ 8,\ 4,\ \square,\ \cdots\cdots$

指針 **等比数列の決定** 等比数列であるから，隣り合う2つの項に着目して，(前の項)×(公比)=(後の項) から公比を求める。

解答 等比数列を $\{a_n\}$，公比を r とする。

(1) $1 \cdot r = -2$ より $r = -2$ ←$a_1 r = a_2$

第4項 a_4 は $a_4 = 4 \cdot (-2) = -8$ ←$a_4 = a_3 r$

答 公比 -2，□は -8

(2) $8r = 4$ より $r = \frac{1}{2}$ ←$a_2 r = a_3$

初項 a_1 は $a_1 \cdot \frac{1}{2} = 8$ より $a_1 = 16$ ←$a_1 r = a_2$

第4項 a_4 は $a_4 = 4 \cdot \frac{1}{2} = 2$ ←$a_4 = a_3 r$

答 公比 $\frac{1}{2}$，□は順に 16, 2

B 等比数列の一般項

練習17 教 p.17

次のような等比数列 $\{a_n\}$ の一般項を求めよ。また，第5項を求めよ。

(1) 初項2，公比3 (2) 初項1，公比 -3

(3) 初項2，公比2 (4) 初項 -3，公比 $\frac{1}{2}$

指針 **等比数列の一般項** 等比数列の一般項の公式 $a_n = ar^{n-1}$ に初項 a，公比 r を代入して一般項を求める。第5項は，得られた n の式に $n=5$ を代入すると求められる。

解答 (1) 初項2，公比3であるから

$$a_n = 2 \cdot 3^{n-1}$$ 答

第5項は $a_5 = 2 \cdot 3^{5-1} = 2 \cdot 3^4 = 162$ 答

(2) 初項1，公比 -3 であるから

$$a_n = 1 \cdot (-3)^{n-1} \quad すなわち \quad a_n = (-3)^{n-1}$$ 答

第5項は $a_5 = (-3)^{5-1} = (-3)^4 = 81$ 答

(3) 初項 2, 公比 2 であるから
$$a_n = 2 \cdot 2^{n-1} \quad すなわち \quad a_n = 2^n \quad 答$$
第 5 項は $\quad a_5 = 2^5 = 32 \quad 答$

(4) 初項 -3, 公比 $\dfrac{1}{2}$ であるから
$$a_n = -3\left(\dfrac{1}{2}\right)^{n-1} \quad 答$$
第 5 項は $\quad a_5 = -3\left(\dfrac{1}{2}\right)^{5-1} = -3\left(\dfrac{1}{2}\right)^4 = -\dfrac{3}{16} \quad 答$

練習 18 次の等比数列 $\{a_n\}$ の一般項を求めよ。

(1) $1,\ -2,\ 4,\ -8,\ \cdots\cdots$ (2) $\dfrac{3}{2},\ \dfrac{3}{4},\ \dfrac{3}{8},\ \dfrac{3}{16},\ \cdots\cdots$

(3) $-5,\ 5,\ -5,\ 5,\ \cdots\cdots$ (4) $\sqrt{2},\ 2,\ 2\sqrt{2},\ 4,\ \cdots\cdots$

指針 **等比数列の一般項** 初項と公比を求め，$a_n = ar^{n-1}$ に代入する。

解答 (1) 公比を r とすると，初項と第 2 項により
$$1 \cdot r = -2 \quad よって \quad r = -2$$
初項 1, 公比 -2 であるから，一般項は
$$a_n = 1 \cdot (-2)^{n-1} \quad すなわち \quad a_n = (-2)^{n-1} \quad 答$$

(2) 公比を r とすると，初項と第 2 項により
$$\dfrac{3}{2}r = \dfrac{3}{4} \quad よって \quad r = \dfrac{1}{2}$$
初項 $\dfrac{3}{2}$, 公比 $\dfrac{1}{2}$ であるから，一般項は
$$a_n = \dfrac{3}{2}\left(\dfrac{1}{2}\right)^{n-1} \quad すなわち \quad a_n = 3\left(\dfrac{1}{2}\right)^n \quad 答$$

(3) 公比を r とすると，初項と第 2 項により
$$-5r = 5 \quad よって \quad r = -1$$
初項 -5, 公比 -1 であるから，一般項は
$$a_n = -5(-1)^{n-1} \quad (a_n = 5(-1)^n) \quad 答$$

(4) 公比を r とすると，初項と第 2 項により
$$\sqrt{2}\,r = 2 \quad よって \quad r = \sqrt{2}$$
初項 $\sqrt{2}$, 公比 $\sqrt{2}$ であるから，一般項は
$$a_n = \sqrt{2}\,(\sqrt{2})^{n-1} \quad すなわち \quad a_n = (\sqrt{2})^n \quad 答$$

教 p.18

練習 19 次のような等比数列 $\{a_n\}$ の一般項を求めよ。

(1) 第2項が6，第4項が54 　(2) 第5項が -9，第7項が -27

指針 **等比数列の一般項** 初項を a，公比を r として一般項を表し，与えられた値を代入して，a, r についての連立方程式を立てる。

解答 初項を a，公比を r とすると $a_n = ar^{n-1}$

(1) 第2項が6であるから $ar = 6$ …… ①

第4項が54であるから $ar^3 = 54$ …… ②

①，②より $r^2 = 9$ これを解くと $r = \pm 3$

①から $r = 3$ のとき $a = 2$，$r = -3$ のとき $a = -2$

よって，一般項は

$$a_n = 2 \cdot 3^{n-1} \quad \text{または} \quad a_n = -2(-3)^{n-1} \quad 答$$

(2) 第5項が -9 であるから $ar^4 = -9$ …… ①

第7項が -27 であるから $ar^6 = -27$ …… ②

①，②より $r^2 = 3$ これを解くと $r = \pm\sqrt{3}$

①から $r = \sqrt{3}$ のとき $a = -1$，$r = -\sqrt{3}$ のとき $a = -1$

よって，一般項は

$$a_n = -(\sqrt{3})^{n-1} \quad \text{または} \quad a_n = -(-\sqrt{3})^{n-1} \quad 答$$

公比が異なると，一般項も変わることに注意しよう。

C 等比数列の性質

教 p.18

練習 20 数列 3, x, 9, …… が等比数列であるとき，x の値を求めよ。

指針 **等比数列をなす3数** 数列 a, b, c が等比数列をなすとき，$b^2 = ac$ が成り立つ。

解答 数列 3, x, 9 は等比数列であるから

$$x^2 = 3 \cdot 9 = 27$$

よって $x = \pm\sqrt{27} = \pm 3\sqrt{3}$ 答

5 等比数列の和

等比数列の和

初項 a, 公比 r の等比数列の初項から第 n 項までの和 S_n は

$r \neq 1$ のとき $\qquad S_n = \dfrac{a(1-r^n)}{1-r}$ または $S_n = \dfrac{a(r^n-1)}{r-1}$

$r = 1$ のとき $\qquad S_n = na$

補足 $r \neq 1$ のとき $\qquad \dfrac{1-r^n}{1-r} = 1 + r + r^2 + \cdots\cdots + r^{n-1}$

A 等比数列の和の公式

練習
21

教 p.20

次の等比数列の初項から第 n 項までの和 S_n を求めよ。

(1) $1,\ 2,\ 2^2,\ 2^3,\ \cdots\cdots$ (2) $2,\ -\dfrac{2}{3},\ \dfrac{2}{3^2},\ -\dfrac{2}{3^3},\ \cdots\cdots$

指針 **等比数列の和** まず初項，公比を求めて，等比数列の和の公式にあてはめる。

$r < 1$ のときは，$S_n = \dfrac{a(1-r^n)}{1-r}$ を，$r > 1$ のときは，$S_n = \dfrac{a(r^n-1)}{r-1}$ を用いると

よい。

解答 (1) 初項 1，公比 2 より $\qquad\qquad\qquad\qquad\qquad$ ← 公比 $r > 1$

$$S_n = \frac{1 \cdot (2^n - 1)}{2-1} = 2^n - 1 \quad \boxed{答}$$

(2) 初項 2，公比 $-\dfrac{1}{3}$ より $\qquad\qquad\qquad\qquad$ ← 公比 $r < 1$

$$S_n = \frac{2\left\{1-\left(-\frac{1}{3}\right)^n\right\}}{1-\left(-\frac{1}{3}\right)} = \frac{6\left\{1-\left(-\frac{1}{3}\right)^n\right\}}{3\left\{1-\left(-\frac{1}{3}\right)\right\}} = \frac{3}{2}\left\{1-\left(-\frac{1}{3}\right)^n\right\} \quad \boxed{答}$$

練習
22

教 p.20

初項から第 3 項までの和が 7，第 3 項から第 5 項までの和が 28 である等比数列の初項 a と公比 r を求めよ。

指針 **和が与えられた等比数列** 次の式が成り立つことに着目する。

$a + ar + ar^2 = 7$, $\quad ar^2 + ar^3 + ar^4 = r^2(a + ar + ar^2)$

解答 条件から $\quad a + ar + ar^2 = 7 \quad \cdots\cdots$ ①

$\qquad\qquad\quad ar^2 + ar^3 + ar^4 = 28 \quad \cdots\cdots$ ②

②より $\qquad\quad r^2(a + ar + ar^2) = 28$

①を代入して　$7r^2=28$　　$r^2=4$　　よって　$r=\pm2$

$r=2$ を①に代入すると　$a+2a+4a=7$　　よって　$a=1$

$r=-2$ を①に代入すると　$a-2a+4a=7$　　よって　$a=\dfrac{7}{3}$

したがって　$a=1,\ r=2$　または　$a=\dfrac{7}{3},\ r=-2$　答

研究　複利計算

まとめ

複利計算

　一定期間の終わりごとに，その元利合計を次の期間の元金とする利息の計算は，**複利計算** と呼ばれる。

例　年利率2%，1年ごとの複利で，毎年 a 円ずつ積み立てるとき，10年間の元利合計 S 円を求めてみよう。

a 円を n 年間預けると，元利合計は $a\times1.02^n$ 円になるから，

$$S=a\times1.02+a\times1.02^2+a\times1.02^3+\cdots\cdots+a\times1.02^{10}$$

1年間　　2年間　　3年間　　……　10年間

$$=a(1.02+1.02^2+1.02^3+\cdots\cdots+1.02^{10})$$

（　）内は，初項1.02，公比1.02，項数10の等比数列の和であるから

$$S=a\times\dfrac{1.02(1.02^{10}-1)}{1.02-1}$$

$1.02^{10}\fallingdotseq1.219$ であるから $S\fallingdotseq11.169a$ となる。

教 p.21

練習1
年利率1%，1年ごとの複利で，毎年初めにお金を積み立て，10年後に120万円にしたい。毎年初めに積み立てるお金をいくらにすればよいか。$1.01^{10}=1.10462$ とし，小数第1位を四捨五入して求めよ。

指針　**複利計算**　毎年初めに a 円ずつ積み立てるとする。「まとめ」と同じようにして，まず，10年間の元利合計を a の式で表す。

解答　毎年初めに a 円ずつ積み立てるとし，10年間の元利合計を S 円とすると

$$S=a(1.01+1.01^2+1.01^3+\cdots\cdots+1.01^{10})$$

$$=a\times\dfrac{1.01(1.01^{10}-1)}{1.01-1}=a\times\dfrac{1.01}{0.01}\times(1.10462-1)$$

$$=a\times101\times0.10462=10.56662\times a$$

10年後に120万円になるとすると　$10.56662\times a=1200000$

したがって，　$a=113565.1\cdots$

すなわち，毎年初めに積み立てるお金は　**113565円**　答

コラム フィボナッチ数列

練習 教 p.22
フィボナッチ数列の項にはどのような規則があるといえるだろうか。また，フィボナッチ数列がもつ性質を見つけたり，フィボナッチ数列に関係する事柄を調べてみよう。

指針 **フィボナッチ数列** 項を書き出すと次のようになっている。

1, 1, 2, 3, 5, 8, 13, 21, 34, 55, 89, 144, 233, 377, 610, 987, 1597, 2584, ……

この数列の項や，項の間に成り立つ関係や，項の番号と項の数との関係を推測してみるとよい。

解答 （フィボナッチ数列の規則）
（例） 第3項以降の項は，1つ前の項と2つ前の項の和になっている。すなわち，フィボナッチ数列は次のような規則によって定められている。

$$a_1=1, \ a_2=1, \ a_{n+2}=a_{n+1}+a_n \ (n=1, \ 2, \ 3, \ \cdots\cdots)$$

（フィボナッチ数列の性質）
（例1） 第 n 項が偶数になるのは，n が3の倍数のときのみである。
（例2） 第 n 項が5の倍数になるのは，n が5の倍数のときのみである。
（例3） 2つの項について，項の番号を6で割った余りが等しいとき，項の数を4で割った余りは等しい。

（フィボナッチ数列に関係する事柄）
（例） 初項を1，第2項を3とし，第3項以降をフィボナッチ数列と同様に，ある項が1つ前の項と2つ前の項の和になるように定めた数列をリュカ数列といい，次のようになる。

1, 3, 4, 7, 11, 18, 29, 47, 76, 123, ……

この数列の一般項 l_n は $l_n=\left(\dfrac{1+\sqrt{5}}{2}\right)^n+\left(\dfrac{1-\sqrt{5}}{2}\right)^n$ となる。

すなわち，黄金比 $\phi=\dfrac{1+\sqrt{5}}{2}$ を用いれば $l_n=\phi^n+(1-\phi)^n$ となる。

参考 例1〜例3の性質は，あとで学習する「数学的帰納法」を用いることにより，正しいことが証明できる。

第1章 第1節 / 問 題

教 p.23

1 4, 2, x, y の逆数を項とする数列 $\dfrac{1}{4}$, $\dfrac{1}{2}$, $\dfrac{1}{x}$, $\dfrac{1}{y}$ が等差数列となる

とき, x, y の値を求めよ。

指針 **等差数列の性質** 等差数列は隣り合う 2 項の差が常に一定であるから

$\dfrac{1}{2}-\dfrac{1}{4}=\dfrac{1}{x}-\dfrac{1}{2}$, $\dfrac{1}{x}-\dfrac{1}{2}=\dfrac{1}{y}-\dfrac{1}{x}$ より $\dfrac{1}{x}$, $\dfrac{1}{y}$ を求める。

解答 隣り合う 2 項の差が常に一定であるから

$$\dfrac{1}{2}-\dfrac{1}{4}=\dfrac{1}{x}-\dfrac{1}{2} \quad \cdots\cdots ① \qquad \dfrac{1}{x}-\dfrac{1}{2}=\dfrac{1}{y}-\dfrac{1}{x} \quad \cdots\cdots ②$$

①から $\quad \dfrac{1}{x}=\dfrac{3}{4}$ よって $\quad \boldsymbol{x=\dfrac{4}{3}}$ 答

これを②に代入して $\quad \dfrac{3}{4}-\dfrac{1}{2}=\dfrac{1}{y}-\dfrac{3}{4}$ よって $\quad \dfrac{1}{y}=1$

したがって $\quad \boldsymbol{y=1}$ 答

参考 各項が 0 と異なり, その逆数が等差数列になる数列を **調和数列** という。

教 p.23

2 等差数列 $\{a_n\}$ の初項から第 n 項までの和を S_n とする。$a_3=4$, $S_4=20$

のとき, 次の問いに答えよ。

(1) 数列 $\{a_n\}$ の初項と公差を求めよ (2) S_n を求めよ。

指針 **等差数列の初項と公差, 和** 初項 a, 公差 d の等差数列 $\{a_n\}$ の一般項 a_n は,

$a_n=a+(n-1)d$, 初項から第 n 項までの和 S_n は

$$S_n=\dfrac{1}{2}n\{2a+(n-1)d\} \qquad となることを利用する。$$

(1) $a_3=4$, $S_4=20$ から a, d についての連立方程式を立てる。

解答 (1) 数列 $\{a_n\}$ の初項を a, 公差を d とすると, $a_3=4$ から

$$a+2d=4 \quad \cdots\cdots ①$$

また, $S_4=20$ から $\quad \dfrac{1}{2}\cdot4\{2a+(4-1)d\}=20$

式を整理すると $\quad 2a+3d=10 \quad \cdots\cdots ②$

①, ②を解いて $\quad a=8$, $d=-2$ 答 初項 8, 公差 -2

(2) (1)より $\quad S_n=\dfrac{1}{2}n\{2\cdot8+(n-1)\cdot(-2)\}$

$$=\dfrac{1}{2}n(-2n+18)=\boldsymbol{-n(n-9)}$$ 答

3　1 から 100 までの自然数について，次の和を求めよ。

  (1)　奇数の和　　　　　　　　(2)　偶数の和

  (3)　5 の倍数の和　　　　　　(4)　5 の倍数でない数の和

指針　**奇数の和・偶数の和・倍数の和**　自然数の和, 奇数の和の公式を用いて求める。

$$1+2+3+\cdots\cdots+n=\frac{1}{2}n(n+1)\qquad 1+3+5+\cdots\cdots+(2n-1)=n^2$$

  (4)　次の関係を利用する。

    (5 の倍数の和)＋(5 の倍数でない数の和)＝(1 から 100 までの自然数の和)

解答　(1)　1 から 100 までの自然数のうち，奇数は　　1, 3, 5, ……, 99

    これらの和は　　$1+3+5+\cdots\cdots+(2\cdot50-1)=50^2=\mathbf{2500}$　答

  (2)　1 から 100 までの自然数のうち, 偶数は　　2, 4, 6, ……, 100

    これらの和は　　$2+4+6+\cdots\cdots+100=2(1+2+3+\cdots\cdots+50)$

$$=2\times\frac{1}{2}\cdot50\cdot(50+1)=\mathbf{2550}\quad 答$$

  (3)　1 から 100 までの自然数のうち，5 の倍数は　　5, 10, 15, ……, 100

    これらの和は　　$5+10+15+\cdots\cdots+100=5(1+2+3+\cdots\cdots+20)$

$$=5\cdot\frac{1}{2}\cdot20\cdot(20+1)=\mathbf{1050}\quad 答$$

  (4)　1 から 100 までの自然数のうち，5 の倍数でない数の和は，1 から 100 までの自然数の和から 5 の倍数の和を引いた数になる。

    1 から 100 までの自然数の和は　　$\frac{1}{2}\cdot100(100+1)=5050$

    よって，(3)から，求める和は　　$5050-1050=\mathbf{4000}$　答

参考　本問では，等差数列の和の公式 $S_n=\frac{1}{2}n(a+l)$ を利用して和を求めてもよい。

  たとえば，(1)は次のようになる。

別解　(1)　$99=2\cdot50-1$ より，初項 1, 末項 99, 項数 50 の等差数列の和であるから

$$\frac{1}{2}\cdot50(1+99)=\mathbf{2500}\quad 答$$

4　初項 200，公差 -6 の等差数列 $\{a_n\}$ について，次の問いに答えよ。

  (1)　50 は第何項か。

  (2)　初項から第何項までの和が最大であるか。また，その和を求めよ。

指針　**等差数列の項と和の最大**

  (1)　一般項 a_n を求めて，$a_n=50$ を満たす n を求める。

  (2)　和が最大となるのは，初項から正の項すべてを足した場合である。

したがって，$a_n<0$ となる最小の n を求めると，初項から第 $(n-1)$ 項までの和が最大となる。

解答 一般項は $a_n=200+(n-1)\cdot(-6)=-6n+206$

(1) $-6n+206=50$ とすると $-6n=-156$ よって $n=26$
したがって，50 は **第26項** である。 **答**

(2) 第 n 項が負の数になるとすると $-6n+206<0$ よって $n>\dfrac{103}{3}$

これを満たす最小の自然数 n は $n=35$
したがって，第35項が初めて負の数になるから，初項から **第34項** までの和が最大である。

また，その和は $\dfrac{1}{2}\cdot34\{2\cdot200+(34-1)\cdot(-6)\}=\mathbf{3434}$ **答**

教 p.23

5 第2項が3，第5項が24である等比数列 $\{a_n\}$ の一般項を求めよ。ただし，公比は実数とする。

指針 **等比数列の一般項** 初項を a，公比を r として，与えられた条件をもとに a, r についての連立方程式を立てる。

解答 初項を a，公比を r とする。
第2項が3であるから $ar=3$ …… ①
第5項が24であるから $ar^4=24$ …… ②
①，②より $r^3=8$ r は実数であるから $r=2$
①から，$r=2$ のとき $a=\dfrac{3}{2}$

したがって $a_n=\dfrac{3}{2}\cdot2^{n-1}$ すなわち $\mathbf{a_n=3\cdot2^{n-2}}$ **答**

教 p.23

6 第2項が3，初項から第3項までの和が13である等比数列の初項と公比を求めよ。

指針 **和が与えられた等比数列** 公比を r とし，第2項をもとにして，初項と第3項を r の式で表す。

解答 公比を r とする。
第2項が3であるから，初項は $\dfrac{3}{r}$ …… ① 第3項は $3r$
初項から第3項までの和が13であるから
$\dfrac{3}{r}+3+3r=13$ これより $3r^2-10r+3=0$

因数分解して $(r-3)(3r-1)=0$　　よって　$r=3, \dfrac{1}{3}$

$r=3$ のとき，①より，初項は　$\dfrac{3}{3}=1$

$r=\dfrac{1}{3}$ のとき，①より，初項は　$3 \div \dfrac{1}{3}=9$

　　图　初項1，公比3　または　初項9，公比 $\dfrac{1}{3}$

教 p.23

7　1から200までの自然数について，3で割って1余る数の和を求めよ。

指針 **等差数列の和**　3で割って1余る数は等差数列である。初項，末項，項数を求めて，等差数列の和の公式 $S_n = \dfrac{1}{2}n(a+l)$ を利用する。

解答 1から200までの自然数のうち，3で割って1余る数は

　　$3 \cdot 0+1, \quad 3 \cdot 1+1, \quad 3 \cdot 2+1, \quad \cdots\cdots, \quad 3 \cdot 66+1$

となる。この数列は，初項1，末項 $(3 \cdot 66+1=)$ 199，項数67の等差数列であるから，その和 S は　　$S=\dfrac{1}{2} \cdot 67(1+199)=\textbf{6700}$　图

教 p.23

8　次の2種類の貯金の方法を考える。

　　方法A：1日目に300円貯金する。2日目以降は，前の日より100
　　　　　 円多い金額を貯金する。

　　方法B：1日目に4円貯金する。2日目以降は，前の日の3倍の金額
　　　　　 を貯金する。

　7日間貯金を行った場合，AとBのどちらが多く貯金できるか。

指針 **等差数列の和・等比数列の和**

　方法Aでは，貯金する金額は1日ごとに100円ずつ増加するから，貯金する金額の数列は等差数列になる。方法Bでは，貯金する金額は1日ごとに3倍になるから，貯金する金額の数列は等比数列になる。

解答 方法Aの貯金の総額は，初項300，公差100，項数7の等差数列の和であるから　　$\dfrac{1}{2} \cdot 7\{2 \cdot 300+(7-1) \cdot 100\}=\dfrac{1}{2} \cdot 7 \cdot 1200=4200$(円)

方法Bの貯金の総額は，初項4，公比3，項数7の等比数列の和であるから

$\dfrac{4(3^7-1)}{3-1}=\dfrac{4 \cdot 2186}{2}=4372$(円)

したがって，**Bの方が多く貯金できる。**　图

第2節　いろいろな数列

6 和の記号 $\sum$

まとめ

1 自然数の累乗の和

$$1^2+2^2+3^2+\cdots\cdots+n^2=\frac{1}{6}n(n+1)(2n+1)$$

$$1^3+2^3+3^3+\cdots\cdots+n^3=\left\{\frac{1}{2}n(n+1)\right\}^2$$

2 和の記号 $\sum$

数列 $\{a_n\}$ について，初項から第 n 項までの和を，$\displaystyle\sum_{k=1}^{n}a_k$ と書く。

$$\sum_{k=1}^{n}a_k=a_1+a_2+a_3+\cdots\cdots+a_n$$

注意 $\sum$ はギリシャ文字で，「シグマ」と読む。

3 自然数に関する和の公式

$$\sum_{k=1}^{n}c=nc \qquad \text{とくに} \quad \sum_{k=1}^{n}1=n \qquad \sum_{k=1}^{n}k=\frac{1}{2}n(n+1)$$

$$\sum_{k=1}^{n}k^2=\frac{1}{6}n(n+1)(2n+1) \qquad \sum_{k=1}^{n}k^3=\left\{\frac{1}{2}n(n+1)\right\}^2$$

4 和の記号 $\sum$ の性質

1 $\displaystyle\sum_{k=1}^{n}(a_k+b_k)=\sum_{k=1}^{n}a_k+\sum_{k=1}^{n}b_k$

2 $\displaystyle\sum_{k=1}^{n}pa_k=p\sum_{k=1}^{n}a_k$ 　　ただし，p は k に無関係な定数

注意 $\displaystyle\sum_{k=1}^{n}(a_k-b_k)=\sum_{k=1}^{n}a_k-\sum_{k=1}^{n}b_k$ も成り立つ。

A 自然数の累乗の和

教 p.25

練習 23 恒等式 $k^4-(k-1)^4=4k^3-6k^2+4k-1$ を用いて，次の等式を証明せよ。

$$1^3+2^3+3^3+\cdots\cdots+n^3=\left\{\frac{1}{2}n(n+1)\right\}^2$$

指針 **自然数の3乗の和** 教科書 $p.24$ の2乗の和の公式の証明と同様に，恒等式に $k=1$, 2, $\cdots\cdots$, n を代入して，辺々を加える。

解答 　$S = 1^3 + 2^3 + 3^3 + \cdots\cdots + n^3$ とする。

恒等式 $k^4 - (k-1)^4 = 4k^3 - 6k^2 + 4k - 1$ において

$k=1$ とすると 　　$1^4 - 0^4 = 4 \cdot 1^3 - 6 \cdot 1^2 + 4 \cdot 1 - 1$

$k=2$ とすると 　　$2^4 - 1^4 = 4 \cdot 2^3 - 6 \cdot 2^2 + 4 \cdot 2 - 1$

$k=3$ とすると 　　$3^4 - 2^4 = 4 \cdot 3^3 - 6 \cdot 3^2 + 4 \cdot 3 - 1$

$\cdots\cdots$ 　　　　　　　$\cdots\cdots$

$k=n$ とすると 　　$n^4 - (n-1)^4 = 4n^3 - 6n^2 + 4n - 1$

これら n 個の等式の辺々を加えると

$$n^4 = 4(1^3 + 2^3 + 3^3 + \cdots\cdots + n^3) - 6(1^2 + 2^2 + 3^2 + \cdots\cdots + n^2)$$
$$+ 4(1 + 2 + 3 + \cdots\cdots + n) - n$$
$$= 4S - 6 \cdot \frac{1}{6} n(n+1)(2n+1) + 4 \cdot \frac{1}{2} n(n+1) - n$$

ゆえに 　　$4S = n^4 + n(n+1)(2n+1) - 2n(n+1) + n$

$$= n\{n^3 + (n+1)(2n+1) - 2(n+1) + 1\}$$
$$= n(n+1)(n^2 - n + 1 + 2n + 1 - 2)$$
$$= n(n+1)(n^2 + n) = n^2(n+1)^2 = \{n(n+1)\}^2$$

よって 　　　　$S = \left\{ \dfrac{1}{2} n(n+1) \right\}^2$

すなわち 　　$1^3 + 2^3 + 3^3 + \cdots\cdots + n^3 = \left\{ \dfrac{1}{2} n(n+1) \right\}^2$ 　　終

練習
24

教 p.25

次の和を求めよ。

(1) 　$1^2 + 2^2 + 3^2 + \cdots\cdots + 20^2$ 　　　　(2) 　$1^3 + 2^3 + 3^3 + \cdots\cdots + 15^3$

指針 　**自然数の 2 乗，3 乗の和** 　1 から n までの自然数の 2 乗，3 乗の和は

$$1^2 + 2^2 + 3^2 + \cdots\cdots + n^2 = \frac{1}{6} n(n+1)(2n+1)$$

$$1^3 + 2^3 + 3^3 + \cdots\cdots + n^3 = \left\{ \frac{1}{2} n(n+1) \right\}^2$$

解答 　(1) 　$\dfrac{1}{6} \cdot 20(20+1)(2 \cdot 20 + 1) = \dfrac{1}{6} \cdot 20 \cdot 21 \cdot 41 = \mathbf{2870}$ 　答

(2) 　$\left\{ \dfrac{1}{2} \cdot 15(15+1) \right\}^2 = (15 \cdot 8)^2 = 120^2 = \mathbf{14400}$ 　答

B 和の記号 $\sum$

教 p.26

練習25

次の(1)~(3)の式を教科書の例 10 のような和の形で書け。(4), (5)の式を和の記号 $\sum$ を用いて書け。

(1) $\displaystyle\sum_{k=1}^{n}(2k-1)$ 　　(2) $\displaystyle\sum_{k=3}^{8}2^{k-1}$ 　　(3) $\displaystyle\sum_{k=1}^{n-1}\frac{1}{k}$

(4) $2+3+4+5+6$ 　　(5) $3^2+5^2+7^2+9^2+11^2+13^2$

指針 **和の記号 $\sum$** たとえば，$\displaystyle\sum_{k=4}^{8}a_k$ であれば，第 4 項から第 8 項までの和であり，

$\displaystyle\sum_{k=4}^{8}a_k=a_4+a_5+a_6+a_7+a_8$ となる。このように，$\displaystyle\sum_{k=p}^{q}a_k$ においては，$\sum$ の下の

$k=p$ の p は，和の最初の項の番号，$\sum$ の上の q は，和の最後の項の番号を表していることに注意する。

解答 (1) $\displaystyle\sum_{k=1}^{n}(2k-1)=(2\cdot1-1)+(2\cdot2-1)+(2\cdot3-1)+\cdots\cdots+(2n-1)$

$\qquad\qquad\qquad =\boldsymbol{1+3+5+\cdots\cdots+(2n-1)}$ 答

(2) $\displaystyle\sum_{k=3}^{8}2^{k-1}=2^{3-1}+2^{4-1}+2^{5-1}+2^{6-1}+2^{7-1}+2^{8-1}$

$\qquad\qquad\quad =\boldsymbol{2^2+2^3+2^4+2^5+2^6+2^7}$ 答

(3) $\displaystyle\sum_{k=1}^{n-1}\frac{1}{k}=\frac{1}{1}+\frac{1}{2}+\frac{1}{3}+\cdots\cdots+\frac{1}{n-1}=\boldsymbol{1+\frac{1}{2}+\frac{1}{3}+\cdots\cdots+\frac{1}{n-1}}$ 答

(4) 初項を 2 として一般項を k を用いた式で表すと

$\qquad a_k=2+(k-1)\cdot1=k+1$

$\quad k+1=6$ のとき $k=5$ であるから，初項から第 5 項までの和になっている。

$\quad$ よって　　$\displaystyle\sum_{k=1}^{5}\boldsymbol{(k+1)}$ 答

(5) 3 から 13 までの奇数の 2 乗の和である。

$\quad$ 初項を 3 として一般項を k を用いた式で表すと

$\qquad a_k=\{3+(k-1)\cdot2\}^2=(2k+1)^2$

$\quad 2k+1=13$ のとき $k=6$ であるから，初項から第 6 項までの和になっている。

$\quad$ よって　　$\displaystyle\sum_{k=1}^{6}\boldsymbol{(2k+1)^2}$ 答

別解 (4) 2 から 6 までの自然数の和であるから　　$\displaystyle\sum_{k=2}^{6}\boldsymbol{k}$ 答

(5) 正の奇数を表す数列の第 k 項は　$1+(k-1)\cdot2=2k-1$ であり，$2k-1=3$

より $k=2$，$2k-1=13$ より $k=7$ であるから　　$\displaystyle\sum_{k=2}^{7}\boldsymbol{(2k-1)^2}$ 答

練習 26 次の和を求めよ。

(1) $\displaystyle\sum_{k=1}^{n} 5^{k-1}$　　　　(2) $\displaystyle\sum_{k=1}^{n-1} 3^{k}$

指針 **∑ を用いて表された等比数列の和**　初項，公比，項数がいくつであるかを確認し，等比数列の和の公式を利用する。

$r \neq 1$ のとき，初項 a，公比 r，項数 n の等比数列の和は　$\dfrac{a(r^n-1)}{r-1}$

解答 (1)　初項 1，公比 5，項数 n であるから　$\displaystyle\sum_{k=1}^{n} 5^{k-1}=\dfrac{5^n-1}{5-1}=\dfrac{1}{4}(5^n-1)$　答

(2)　初項 3，公比 3，項数 $n-1$ であるから

$\displaystyle\sum_{k=1}^{n-1} 3^{k}=\dfrac{3(3^{n-1}-1)}{3-1}=\dfrac{1}{2}(3^n-3)$　答

練習 27 次の和を求めよ。

(1) $\displaystyle\sum_{k=1}^{15} 2$　　(2) $\displaystyle\sum_{k=1}^{50} k$　　(3) $\displaystyle\sum_{k=1}^{12} k^2$　　(4) $\displaystyle\sum_{k=1}^{7} k^3$

指針 **自然数に関する和の公式**　和の公式 $\displaystyle\sum_{k=1}^{n} c=nc$, $\displaystyle\sum_{k=1}^{n} k=\dfrac{1}{2}n(n+1)$,

$\displaystyle\sum_{k=1}^{n} k^2=\dfrac{1}{6}n(n+1)(2n+1)$, $\displaystyle\sum_{k=1}^{n} k^3=\left\{\dfrac{1}{2}n(n+1)\right\}^2$ を利用する。

解答 (1)　$\displaystyle\sum_{k=1}^{15} 2=15\cdot2=\mathbf{30}$　答

(2)　$\displaystyle\sum_{k=1}^{50} k=\dfrac{1}{2}\cdot50(50+1)=\dfrac{1}{2}\cdot50\cdot51=\mathbf{1275}$　答

(3)　$\displaystyle\sum_{k=1}^{12} k^2=\dfrac{1}{6}\cdot12(12+1)(2\cdot12+1)=\dfrac{1}{6}\cdot12\cdot13\cdot25=\mathbf{650}$　答

(4)　$\displaystyle\sum_{k=1}^{7} k^3=\left\{\dfrac{1}{2}\cdot7(7+1)\right\}^2=(7\cdot4)^2=28^2=\mathbf{784}$　答

C 和の記号 ∑ の性質

練習 28 次の和を求めよ。

(1) $\displaystyle\sum_{k=1}^{n} (4k-5)$　　　　(2) $\displaystyle\sum_{k=1}^{n} (3k^2-7k+4)$

(3) $\displaystyle\sum_{k=1}^{n} (k^3+k)$　　　　(4) $\displaystyle\sum_{k=1}^{n-1} 2k$

指針 **$\sum$ の計算** $\sum$ の性質と自然数の和の公式を利用する。

$\sum$ の性質 $\displaystyle\sum_{k=1}^{n}(a_k\pm b_k)=\sum_{k=1}^{n}a_k\pm\sum_{k=1}^{n}b_k$

$\displaystyle\sum_{k=1}^{n}pa_k=p\sum_{k=1}^{n}a_k$ (p は k に無関係な定数)

自然数の和の公式 $\displaystyle\sum_{k=1}^{n}k=\frac{1}{2}n(n+1)$, $\displaystyle\sum_{k=1}^{n}c=nc$

$\displaystyle\sum_{k=1}^{n}k^2=\frac{1}{6}n(n+1)(2n+1)$, $\displaystyle\sum_{k=1}^{n}k^3=\left\{\frac{1}{2}n(n+1)\right\}^2$

解答 (1) $\displaystyle\sum_{k=1}^{n}(4k-5)=4\sum_{k=1}^{n}k-\sum_{k=1}^{n}5=4\cdot\frac{1}{2}n(n+1)-5n=2n^2-3n=\boldsymbol{n(2n-3)}$ 答

(2) $\displaystyle\sum_{k=1}^{n}(3k^2-7k+4)=3\sum_{k=1}^{n}k^2-7\sum_{k=1}^{n}k+\sum_{k=1}^{n}4$

$\displaystyle=3\cdot\frac{1}{6}n(n+1)(2n+1)-7\cdot\frac{1}{2}n(n+1)+4n$

$\displaystyle=\frac{1}{2}n\{(n+1)(2n+1)-7(n+1)+8\}$

$\displaystyle=\frac{1}{2}n(2n^2-4n+2)=n(n^2-2n+1)=\boldsymbol{n(n-1)^2}$ 答

(3) $\displaystyle\sum_{k=1}^{n}(k^3+k)=\sum_{k=1}^{n}k^3+\sum_{k=1}^{n}k=\left\{\frac{1}{2}n(n+1)\right\}^2+\frac{1}{2}n(n+1)$

$\displaystyle=\frac{1}{2}n(n+1)\left\{\frac{1}{2}n(n+1)+1\right\}=\boldsymbol{\frac{1}{4}n(n+1)(n^2+n+2)}$ 答

(4) $\displaystyle\sum_{k=1}^{n-1}2k=2\sum_{k=1}^{n-1}k=2\cdot\frac{1}{2}(n-1)\{(n-1)+1\}=\boldsymbol{n(n-1)}$ 答

練習 29

次の和を求めよ。

$$1\cdot2\cdot3+2\cdot3\cdot4+3\cdot4\cdot5+\cdots\cdots+n(n+1)(n+2)$$

指針 **数列の和** 数列の第 k 項を k で表し，$\sum$ の性質を利用する。

解答 これは，第 k 項が $k(k+1)(k+2)$ である数列の，初項から第 n 項までの和である。よって，求める和は，

$\displaystyle\sum_{k=1}^{n}k(k+1)(k+2)=\sum_{k=1}^{n}(k^3+3k^2+2k)=\sum_{k=1}^{n}k^3+3\sum_{k=1}^{n}k^2+2\sum_{k=1}^{n}k$

$\displaystyle=\left\{\frac{1}{2}n(n+1)\right\}^2+3\cdot\frac{1}{6}n(n+1)(2n+1)+2\cdot\frac{1}{2}n(n+1)$

$\displaystyle=\frac{1}{4}n(n+1)\{n(n+1)+2(2n+1)+4\}$

$\displaystyle=\frac{1}{4}n(n+1)(n^2+5n+6)=\boldsymbol{\frac{1}{4}n(n+1)(n+2)(n+3)}$ 答

7 階差数列

まとめ

1 階差数列

数列 $\{a_n\}$ の隣り合う 2 項の差

$a_{n+1}-a_n=b_n \quad (n=1,\ 2,\ 3,\ \cdots\cdots)$

を項とする数列 $\{b_n\}$ を，数列 $\{a_n\}$ の **階差数列** という。

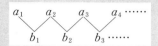

2 階差数列と一般項

数列 $\{a_n\}$ の階差数列を $\{b_n\}$ とすると

$n\geqq 2$ のとき $\quad a_n=a_1+\displaystyle\sum_{k=1}^{n-1}b_k$

注意 上の a_n はあくまで $n\geqq 2$ のときの一般項であり，$n=1$ のときにも成り立つとは限らない。よって，$n=1$ のときについては，別に確かめる必要がある。

3 数列の和と一般項

数列 $\{a_n\}$ の初項 a_1 から第 n 項 a_n までの和を S_n とすると

初項 a_1 は $\quad a_1=S_1$

$n\geqq 2$ のとき $\quad a_n=S_n-S_{n-1}$

A 階差数列

教 p.29

練習 30 階差数列を考えて，次の数列の第 6 項，第 7 項を求めよ。

$$1,\ 2,\ 5,\ 10,\ 17,\ \cdots\cdots$$

指針 階差数列の項 もとの数列を $\{a_n\}$，その階差数列を $\{b_n\}$ とし，まず，数列 $\{b_n\}$ の一般項を求める。

次に，b_5，b_6 を求め，$a_6-a_5=b_5$，$a_7-a_6=b_6$ より，a_6，a_7 を求める。

解答 数列 $1,\ 2,\ 5,\ 10,\ 17,\ \cdots\cdots$ を $\{a_n\}$ とする。

階差数列 $\{b_n\}$ は $\quad 1,\ 3,\ 5,\ 7,\ \cdots\cdots$

初項 1，公差 2 の等差数列であるから，一般項は

$b_n=1+(n-1)\cdot 2=2n-1$

$a_6-a_5=b_5$ から $\quad a_6=a_5+b_5=17+(2\cdot 5-1)=26$

$a_7-a_6=b_6$ から $\quad a_7=a_6+b_6=26+(2\cdot 6-1)=37$

答 第 6 項 26，第 7 項 37

B 階差数列から一般項を求める

教 p.31

練習
31
階差数列を利用して，次の数列 $\{a_n\}$ の一般項を求めよ。

(1) 1, 2, 4, 7, 11, ……　　　　(2) 2, 3, 5, 9, 17, ……

指針 **階差数列と一般項**　まず，数列 $\{a_n\}$ の階差数列 $\{b_n\}$ の一般項を求め，
$a_n = a_1 + \sum_{k=1}^{n-1} b_k \ (n \geqq 2)$ を求める。

解答 (1)　数列 $\{a_n\}$ の階差数列は　　1, 2, 3, 4, ……

その一般項を b_n とすると　　$b_n = n$

よって，$n \geqq 2$ のとき　　$a_n = a_1 + \sum_{k=1}^{n-1} k = 1 + \frac{1}{2}(n-1)n$

すなわち　$a_n = \frac{1}{2}n^2 - \frac{1}{2}n + 1$

初項は $a_1 = 1$ なので，この式は $n=1$ のときにも成り立つ。

したがって，一般項は　　$a_n = \dfrac{1}{2}n^2 - \dfrac{1}{2}n + 1$　答

(2)　数列 $\{a_n\}$ の階差数列は　　1, 2, 4, 8, ……

その一般項を b_n とすると，数列 $\{b_n\}$ は初項 1，公比 2 の等比数列であるから　　$b_n = 1 \cdot 2^{n-1} = 2^{n-1}$

よって，$n \geqq 2$ のとき　　$a_n = a_1 + \sum_{k=1}^{n-1} 2^{k-1} = 2 + \dfrac{2^{n-1}-1}{2-1}$

すなわち　$a_n = 2^{n-1} + 1$

初項は $a_1 = 2$ なので，この式は $n=1$ のときにも成り立つ。

したがって，一般項は　　$a_n = 2^{n-1} + 1$　答

C 数列の和と一般項

教 p.31

練習
32
初項から第 n 項までの和 S_n が，$S_n = n^2 - n$ で表される数列 $\{a_n\}$ の一般項を求めよ。

指針 **数列の和と一般項**　初項から第 n 項 a_n までの和 S_n がわかっているとき，初項は $a_1 = S_1$，$n \geqq 2$ のときは，$a_n = S_n - S_{n-1}$ で与えられる。

解答 初項 a_1 は　$a_1 = S_1 = 1^2 - 1 = 0$ …… ①

$n \geqq 2$ のとき　　$a_n = S_n - S_{n-1} = n^2 - n - \{(n-1)^2 - (n-1)\}$

すなわち　　$a_n = 2n - 2$

①より $a_1 = 0$ であるから，この式は $n=1$ のときにも成り立つ。

したがって，一般項は　　$a_n = 2n - 2$　答

8 いろいろな数列の和

まとめ

和の求め方の工夫

① 分数の数列の和

恒等式 $\dfrac{1}{(k-a)(k-b)}=\dfrac{1}{a-b}\left(\dfrac{1}{k-a}-\dfrac{1}{k-b}\right)$ などを利用する。

② 数列 $\{a_n r^{n-1}\}$ の和 S

等比数列の和の公式を導いたのと同様に，S と rS の差を計算する。

練習 33

教 p.32

恒等式 $\dfrac{1}{(2k-1)(2k+1)}=\dfrac{1}{2}\left(\dfrac{1}{2k-1}-\dfrac{1}{2k+1}\right)$ を利用して，和

$S=\dfrac{1}{1\cdot 3}+\dfrac{1}{3\cdot 5}+\dfrac{1}{5\cdot 7}+\cdots\cdots+\dfrac{1}{(2n-1)(2n+1)}$ を求めよ。

指針 **分数の数列の和** 与えられた恒等式を用いて各項を分解すると，ほとんどの項が互いに打ち消し合って，計算が簡単になる。

解答 $S=\dfrac{1}{1\cdot 3}+\dfrac{1}{3\cdot 5}+\dfrac{1}{5\cdot 7}+\cdots\cdots+\dfrac{1}{(2n-1)(2n+1)}$

$=\dfrac{1}{2}\left(\dfrac{1}{1}-\dfrac{1}{3}\right)+\dfrac{1}{2}\left(\dfrac{1}{3}-\dfrac{1}{5}\right)+\dfrac{1}{2}\left(\dfrac{1}{5}-\dfrac{1}{7}\right)+\cdots\cdots+\dfrac{1}{2}\left(\dfrac{1}{2n-1}-\dfrac{1}{2n+1}\right)$

$=\dfrac{1}{2}\left(1-\dfrac{1}{2n+1}\right)=\dfrac{2n+1-1}{2(2n+1)}$

$=\dfrac{n}{2n+1}$ 答

練習 34

教 p.32

次の和 S を求めよ。

$$S=1\cdot 1+2\cdot 3+3\cdot 3^2+\cdots\cdots+n\cdot 3^{n-1}$$

指針 **数列 $\{a_n r^{n-1}\}$ の和** 一般項が $n\cdot 3^{n-1}$ で表される数列の和 S である。S と rS の差を計算するとよい。

解答

$S=1\cdot 1+2\cdot 3+3\cdot 3^2+4\cdot 3^3+\cdots\cdots+\qquad\quad n\cdot 3^{n-1}$

$3S=\qquad\quad 1\cdot 3+2\cdot 3^2+3\cdot 3^3+\cdots\cdots+(n-1)\cdot 3^{n-1}+n\cdot 3^n$

の辺々を引くと

$S-3S=1+\qquad 3+\quad 3^2+\quad 3^3+\cdots\cdots+\qquad\qquad 3^{n-1}-n\cdot 3^n$

よって $-2S=\dfrac{1\cdot(3^n-1)}{3-1}-n\cdot 3^n$

したがって $\quad S=\dfrac{1}{-2}\left\{\dfrac{3^n-1}{2}-n\cdot 3^n\right\}=-\dfrac{1}{2}\cdot\dfrac{(1-2n)\cdot 3^n-1}{2}$

$$=\dfrac{1}{4}\{(2n-1)\cdot 3^n+1\}\quad \boxed{答}$$

教 p.33

練習 35

正の奇数の列を，次のような群に分ける。ただし，第 n 群には n 個の数が入るものとする。

1 ｜ 3, 5 ｜ 7, 9, 11 ｜ 13, 15, 17, 19 ｜ 21, ……
第1群　　第2群　　　第3群　　　　　第4群

(1) 第 n 群の最初の数を n の式で表せ。

(2) 第 15 群に入るすべての数の和 S を求めよ。

指針　群に分けた数列

(1) 第 n 群は n 個の奇数を含むから，第 $(n-1)$ 群の末項までに $\{1+2+3+\cdots\cdots+(n-1)\}$ 個の奇数がある。よって，第 n 群の最初の項は，正の奇数の列 1, 3, 5, …… の $\{1+2+3+\cdots\cdots+(n-1)+1\}$ 番目の項である。

(2) 第 15 群の最初の数を初項とし，公差が 2，項数 15 の等差数列の和である。

解答 (1) $n\geqq 2$ のとき，第 1 群から第 $(n-1)$ 群までに入る正の奇数の個数は

$$1+2+3+\cdots\cdots+(n-1)=\dfrac{1}{2}n(n-1)$$

求める数は，正の奇数の列の第 $\left\{\dfrac{1}{2}n(n-1)+1\right\}$ 項であるから

$$2\left\{\dfrac{1}{2}n(n-1)+1\right\}-1=n^2-n+1$$

これは，$n=1$ のときにも成り立つ。

よって，第 n 群の最初の数は $\quad \boldsymbol{n^2-n+1}\quad \boxed{答}$

(2) 第 15 群の最初の数は，(1)の結果を用いて $\quad 15^2-15+1=211$

よって，和 S は，初項 211，公差 2，項数 15 の等差数列の和であるから

$$S=\dfrac{1}{2}\cdot 15\{2\cdot 211+(15-1)\cdot 2\}=\dfrac{1}{2}\cdot 15\cdot 450=\boldsymbol{3375}\quad \boxed{答}$$

第1章 第2節　　問　題

教 p.34

9　次の和を求めよ。

(1) $\displaystyle\sum_{k=1}^{n}(3^k+2k+1)$　　(2) $\displaystyle\sum_{k=1}^{n}(k-1)(k+2)$　　(3) $\displaystyle\sum_{k=1}^{n}(k^3-k)$

指針 $\sum$ の計算

(1) $\sum$ の性質を利用し，$\displaystyle\sum_{k=1}^{n}3^k$，$2\displaystyle\sum_{k=1}^{n}k$，$\displaystyle\sum_{k=1}^{n}1$ の和に分解する。$\displaystyle\sum_{k=1}^{n}3^k$ は，初項 3，

公比 3，項数 n の等比数列の和である。

(2) まず，$(k-1)(k+2)$ を展開して，$\sum$ の性質を利用する。

解答 (1) $\displaystyle\sum_{k=1}^{n}(3^k+2k+1)=\sum_{k=1}^{n}3^k+2\sum_{k=1}^{n}k+\sum_{k=1}^{n}1$

$\displaystyle =\frac{3(3^n-1)}{3-1}+2\cdot\frac{1}{2}n(n+1)+n$

$\displaystyle =\frac{3}{2}(3^n-1)+n^2+2n$　答

(2) $\displaystyle\sum_{k=1}^{n}(k-1)(k+2)=\sum_{k=1}^{n}(k^2+k-2)$

$\displaystyle =\sum_{k=1}^{n}k^2+\sum_{k=1}^{n}k-\sum_{k=1}^{n}2=\frac{1}{6}n(n+1)(2n+1)+\frac{1}{2}n(n+1)-2n$

$\displaystyle =\frac{1}{6}n\{(n+1)(2n+1)+3(n+1)-12\}$

$\displaystyle =\frac{1}{6}n(2n^2+6n-8)=\frac{1}{3}n(n^2+3n-4)$

$\displaystyle =\frac{1}{3}n(n-1)(n+4)$　答

(3) $\displaystyle\sum_{k=1}^{n}(k^3-k)=\sum_{k=1}^{n}k^3-\sum_{k=1}^{n}k=\left\{\frac{1}{2}n(n+1)\right\}^2-\frac{1}{2}n(n+1)$

$\displaystyle =\frac{1}{2}n(n+1)\left\{\frac{1}{2}n(n+1)-1\right\}=\frac{1}{4}n(n+1)(n^2+n-2)$

$\displaystyle =\frac{1}{4}n(n-1)(n+1)(n+2)$　答

10 次の数列の第 k 項を k の式で表せ。また，初項から第 n 項までの和 S_n を求めよ。

$$1, \ 1+2, \ 1+2+3, \ \cdots\cdots, \ 1+2+3+\cdots\cdots+n, \ \cdots\cdots$$

指針 **和の形の数列** 各項がそれぞれ自然数の和になっていることに着目して第 k 項 a_k を求める。さらに，$\sum\limits_{k=1}^{n} a_k$ を計算して和 S_n を求める。

解答 **第 k 項は** $\quad 1+2+3+\cdots\cdots+k=\dfrac{1}{2}k(k+1)$ 答

また $\quad S_n=\sum\limits_{k=1}^{n}\dfrac{1}{2}k(k+1)=\dfrac{1}{2}\sum\limits_{k=1}^{n}k^2+\dfrac{1}{2}\sum\limits_{k=1}^{n}k$

$\qquad\quad =\dfrac{1}{2}\cdot\dfrac{1}{6}n(n+1)(2n+1)+\dfrac{1}{2}\cdot\dfrac{1}{2}n(n+1)$

$\qquad\quad =\dfrac{1}{12}n(n+1)\{(2n+1)+3\}$

$\qquad\quad =\dfrac{1}{6}n(n+1)(n+2)$ 答

11 初項から第 n 項までの和 S_n が，$S_n=n^2+1$ で表される数列 $\{a_n\}$ の一般 項を求めよ。

指針 **数列の和と一般項** $a_1=S_1, \ a_n=S_n-S_{n-1} \ (n\geqq2)$

解答 初項 a_1 は $\quad a_1=S_1=1^2+1=2 \ \cdots\cdots$ ①

$n\geqq2$ のとき $\quad a_n=S_n-S_{n-1}=(n^2+1)-\{(n-1)^2+1\}$

すなわち $\quad a_n=2n-1$

①より，$a_1=2$ であるから，この式は $n=1$ のときは成り立たない。

よって，一般項は

$\qquad a_1=2, \ n\geqq2$ のとき $\quad a_n=2n-1$ 答

初項 a_1 が $n\geqq2$ のときの式 で表せないこともあること に注意しよう。

12 次の和を求めよ。

(1) $\displaystyle\sum_{k=1}^{n}\dfrac{1}{\sqrt{k+1}+\sqrt{k}}$

(2) $\displaystyle\sum_{k=1}^{n}\dfrac{2}{k(k+2)}$ $(n\geqq2)$

指針 **差の形を利用する $\sum$ の計算**

(1) $\dfrac{1}{\sqrt{k+1}+\sqrt{k}}$ の分母を有理化すると，差の形になる。

(2) $\dfrac{2}{k(k+2)}=\dfrac{1}{k}-\dfrac{1}{k+2}$ とすると，差の形になる。

差の形の $\sum$ の計算は，各項が互いに打ち消し合って簡単な形になる。

解答 (1) $\dfrac{1}{\sqrt{k+1}+\sqrt{k}}=\dfrac{\sqrt{k+1}-\sqrt{k}}{(\sqrt{k+1}+\sqrt{k})(\sqrt{k+1}-\sqrt{k})}=\dfrac{\sqrt{k+1}-\sqrt{k}}{(k+1)-k}$

$\qquad\qquad\qquad\ \ =\sqrt{k+1}-\sqrt{k}$

よって $\displaystyle\sum_{k=1}^{n}\dfrac{1}{\sqrt{k+1}+\sqrt{k}}=\sum_{k=1}^{n}(\sqrt{k+1}-\sqrt{k})$

$\qquad=(\sqrt{2}-\sqrt{1})+(\sqrt{3}-\sqrt{2})+(\sqrt{4}-\sqrt{3})+\cdots\cdots$

$\qquad\qquad\qquad\cdots\cdots+(\sqrt{n}-\sqrt{n-1})+(\sqrt{n+1}-\sqrt{n})$

$\qquad=\sqrt{n+1}-1$ 答

(2) $\dfrac{2}{k(k+2)}=\dfrac{1}{k}-\dfrac{1}{k+2}$

よって $\displaystyle\sum_{k=1}^{n}\dfrac{2}{k(k+2)}=\sum_{k=1}^{n}\left(\dfrac{1}{k}-\dfrac{1}{k+2}\right)$

$\qquad=\left(\dfrac{1}{1}-\dfrac{1}{3}\right)+\left(\dfrac{1}{2}-\dfrac{1}{4}\right)+\left(\dfrac{1}{3}-\dfrac{1}{5}\right)+\left(\dfrac{1}{4}-\dfrac{1}{6}\right)+\cdots\cdots$

$\qquad\qquad\cdots\cdots+\left(\dfrac{1}{n-2}-\dfrac{1}{n}\right)+\left(\dfrac{1}{n-1}-\dfrac{1}{n+1}\right)+\left(\dfrac{1}{n}-\dfrac{1}{n+2}\right)$

$\qquad=1+\dfrac{1}{2}-\dfrac{1}{n+1}-\dfrac{1}{n+2}$

$\qquad=\dfrac{3(n+1)(n+2)-2(n+2)-2(n+1)}{2(n+1)(n+2)}$

$\qquad=\dfrac{3n^2+9n+6-2n-4-2n-2}{2(n+1)(n+2)}=\dfrac{3n^2+5n}{2(n+1)(n+2)}$

$\qquad=\dfrac{n(3n+5)}{2(n+1)(n+2)}$ 答

13 次の数列の和 S を求めよ。
$$S=1\cdot1+3\cdot3+5\cdot3^2+\cdots\cdots+(2n-1)\cdot3^{n-1}$$

指針 **数列 $\{a_nr^{n-1}\}$ の和** S と $3S$ の差を計算する。

解答 $\qquad S=1\cdot1+3\cdot3+5\cdot3^2+7\cdot3^3+\cdots\cdots+(2n-1)\cdot3^{n-1}$

$\qquad 3S=\qquad 1\cdot3+3\cdot3^2+5\cdot3^3+\cdots\cdots+(2n-3)\cdot3^{n-1}+(2n-1)\cdot3^n$

の辺々を引くと $\quad S-3S=1+2\cdot3+2\cdot3^2+2\cdot3^3+\cdots\cdots+2\cdot3^{n-1}-(2n-1)\cdot3^n$

ゆえに $\quad -2S=1+2(3+3^2+3^3+\cdots\cdots+3^{n-1})-(2n-1)\cdot3^n$

$$=1+2\cdot\frac{3(3^{n-1}-1)}{3-1}-(2n-1)\cdot3^n$$

$$=-(2n-2)\cdot3^n-2$$

よって $\qquad S=(n-1)\cdot3^n+1$ 答

14 自然数の列を次のような群に分ける。ただし,第 n 群には $(2n-1)$ 個の数が入るものとする。

$$1\quad|\ 2,\ 3,\ 4\ |\ 5,\ 6,\ 7,\ 8,\ 9\ |\ 10,\ \cdots\cdots$$
第1群　　　　第2群　　　　第3群

(1) 第 n 群の最初の自然数を n の式で表せ。

(2) 第 n 群に入るすべての自然数の和 S を求めよ。

指針 **群に分けた数列**

(1) 第 k 群に $(2k-1)$ 個の項を含むから,第 $(n-1)$ 群の末項までに
$[1+3+5+\cdots\cdots+\{2(n-1)-1\}]$ 個の自然数がある。

(2) 第 n 群の最初の数を初項とし,公差 1,項数 $2n-1$ の等差数列の和である。

解答 (1) $n\geqq2$ のとき,第 1 群から第 $(n-1)$ 群までに入る自然数の個数は
$$\sum_{k=1}^{n-1}(2k-1)=2\sum_{k=1}^{n-1}k-\sum_{k=1}^{n-1}1=2\cdot\frac{1}{2}n(n-1)-(n-1)=(n-1)^2$$

この自然数の個数は第 $(n-1)$ 群の最後の数と一致する。

よって,第 n 群の最初の自然数は $\quad(n-1)^2+1=n^2-2n+2$

これは,$n=1$ のときにも成り立つ。

したがって,第 n 群の最初の自然数は $\quad n^2-2n+2$ 答

(2) 求める和 S は初項 n^2-2n+2,公差 1,項数 $2n-1$ の等差数列の和であるから
$$S=\frac{1}{2}(2n-1)[2(n^2-2n+2)+\{(2n-1)-1\}\cdot1]$$

$$=(2n-1)(n^2-n+1)$$ 答

15 教科書の 24 ページの考え方と，恒等式

$3k(k+1)=k(k+1)(k+2)-(k-1)k(k+1)$ を用いて，次の公式を証明せよ。なお，24 ページ同様，自然数の和の公式

$1+2+3+\cdots\cdots+n=\dfrac{1}{2}n(n+1)$ は使用してよいものとする。

$$1^2+2^2+3^2+\cdots\cdots+n^2=\frac{1}{6}n(n+1)(2n+1)$$

指針 **自然数の 2 乗の和の公式**

教科書 *p.*24 の証明と同様に，与えられた恒等式に $k=1$，2，……，n を代入して，辺々を加える。

解答 $3k(k+1)=k(k+1)(k+2)-(k-1)k(k+1)$ より

$3(k^2+k)=k(k+1)(k+2)-(k-1)k(k+1)$ …… ①

①において

$k=1$ とすると $\quad 3(1^2+1)=1\cdot2\cdot3-0\cdot1\cdot2$

$k=2$ とすると $\quad 3(2^2+2)=2\cdot3\cdot4-1\cdot2\cdot3$

$k=3$ とすると $\quad 3(3^2+3)=3\cdot4\cdot5-2\cdot3\cdot4$

…… ………

$k=n$ とすると $\quad 3(n^2+n)=n(n+1)(n+2)-(n-1)n(n+1)$

これら n 個の等式の辺々を加えると

$3\{(1^2+2^2+3^2+\cdots\cdots+n^2)+(1+2+3+\cdots\cdots+n)\}=n(n+1)(n+2)$

よって $\quad (1^2+2^2+3^2+\cdots\cdots+n^2)+(1+2+3+\cdots\cdots+n)$

$\quad =\dfrac{1}{3}n(n+1)(n+2)$

したがって $\quad 1^2+2^2+3^2+\cdots\cdots+n^2$

$\quad =\dfrac{1}{3}n(n+1)(n+2)-(1+2+3+\cdots\cdots+n)$

$\quad =\dfrac{1}{3}n(n+1)(n+2)-\dfrac{1}{2}n(n+1)$

$\quad =\dfrac{1}{6}n(n+1)\{2(n+2)-3\}=\dfrac{1}{6}n(n+1)(2n+1)$

ゆえに $\quad 1^2+2^2+3^2+\cdots\cdots+n^2=\dfrac{1}{6}n(n+1)(2n+1)$ 終

第3節 漸化式と数学的帰納法

⑨ 漸化式

まとめ

1 漸化式

数列 $\{a_n\}$ は，次の2つの条件[1]，[2]を与えると，

a_2, a_3, a_4, …… が順に求められ，すべての項がただ1通りに定まる。

  [1] 初項 a_1

  [2] a_n から a_{n+1} を決める関係式（$n=1$, 2, 3, ……）

[2]のように，数列において前の項から次の項を決めるための関係式を **漸化式（ぜんかしき）** という。今後，とくに断らなくても，与えられた漸化式は $n=1$, 2, 3, …… で成り立つものとする。

2 等差数列，等比数列を表す漸化式

等差数列 $\{a_n\}$ の漸化式は　$a_{n+1}=a_n+d$　　　　　　　←d が公差

等比数列 $\{a_n\}$ の漸化式は　$a_{n+1}=ra_n$　　　　　　　　←r が公比

3 階差数列と漸化式

$a_{n+1}=a_n+(n\text{ の式})$ の形の漸化式では，（n の式）が階差数列の一般項を表すので，階差数列を利用して一般項が求められることがある。

4 $a_{n+1}=pa_n+q$ の形の漸化式

一般に，$p\neq0$，$p\neq1$ のとき，$a_{n+1}=pa_n+q$ の形の漸化式は，等式 $c=pc+q$ を満たす c を用いて，次の形に変形できる。

$$a_{n+1}-c=p(a_n-c) \qquad ←\text{数列 }\{a_n-c\}\text{ は等比数列}$$

A 数列の漸化式と項

教 p.35

練習 36 次の条件によって定められる数列 $\{a_n\}$ の第2項から第5項を求めよ。

  (1) $a_1=100$, $a_{n+1}=a_n-5$　　　(2) $a_1=2$, $a_{n+1}=3a_n+2$

指針 漸化式と項 漸化式に $n=1$, 2, …… を代入し，a_1 から a_2，a_2 から a_3，…… と順番に求めていく。

解答 (1) $a_2=a_1-5=100-5=\boldsymbol{95}$　　　　$a_3=a_2-5=95-5=\boldsymbol{90}$

　　　　　$a_4=a_3-5=90-5=\boldsymbol{85}$　　　　　$a_5=a_4-5=85-5=\boldsymbol{80}$ 答

　　(2) $a_2=3a_1+2=3\cdot2+2=\boldsymbol{8}$　　　　$a_3=3a_2+2=3\cdot8+2=\boldsymbol{26}$

　　　　　$a_4=3a_3+2=3\cdot26+2=\boldsymbol{80}$　　　$a_5=3a_4+2=3\cdot80+2=\boldsymbol{242}$ 答

B 漸化式で定められる数列の一般項

教 p.36

練習 37 次の条件によって定められる数列 $\{a_n\}$ の一般項を求めよ。
(1) $a_1=2,\ a_{n+1}=a_n+3$ (2) $a_1=1,\ a_{n+1}=2a_n$

指針 **等差数列，等比数列を表す漸化式** $a_{n+1}=a_n+d$ の形の漸化式は公差 d の等差数列，$a_{n+1}=ra_n$ の形の漸化式は公比 r の等比数列を表している。

解答 (1) 数列 $\{a_n\}$ は初項 2，公差 3 の等差数列であるから，一般項は
$$a_n=2+(n-1)\cdot 3 \quad \text{すなわち}\quad \boldsymbol{a_n=3n-1} \quad \text{答}$$
(2) 数列 $\{a_n\}$ は初項 1，公比 2 の等比数列であるから，一般項は
$$a_n=1\cdot 2^{n-1} \quad \text{すなわち}\quad \boldsymbol{a_n=2^{n-1}} \quad \text{答}$$

教 p.36

練習 38 次の条件によって定められる数列 $\{a_n\}$ の一般項を求めよ。
(1) $a_1=1,\ a_{n+1}=a_n+3^n$ (2) $a_1=0,\ a_{n+1}=a_n+2n+1$

指針 **階差数列の利用** 漸化式は $a_{n+1}=a_n+(n\text{ の式})$ の形をしているから，階差数列を利用して一般項を求める。$(n\text{ の式})$ を b_n とおくと，数列 $\{b_n\}$ は数列 $\{a_n\}$ の階差数列であるから，$n\geqq 2$ のとき，$a_n=a_1+\sum_{k=1}^{n-1}b_k$ である。

解答 (1) 条件より $a_{n+1}-a_n=3^n$
数列 $\{a_n\}$ の階差数列の一般項が 3^n であるから
$$n\geqq 2 \text{ のとき}\quad a_n=a_1+\sum_{k=1}^{n-1}3^k$$
$$=1+\frac{3(3^{n-1}-1)}{3-1}$$
$$=1+\frac{3^n-3}{2}$$

$\left(\leftarrow \sum_{k=1}^{n-1}3^k \text{ は初項 3，公比 3，項数 } n-1 \text{ の等比数列の和である。}\right)$

$n=1$ のときに成り立つことの確認を忘れないようにしよう。

よって $a_n=\dfrac{1}{2}(3^n-1)$
初項は $a_1=1$ であるから，この式は $n=1$ のときにも成り立つ。
したがって，一般項は $\boldsymbol{a_n=\dfrac{1}{2}(3^n-1)}$ 答

(2) 条件より $a_{n+1}-a_n=2n+1$
数列 $\{a_n\}$ の階差数列の一般項が $2n+1$ であるから
$$n\geqq 2 \text{ のとき}\quad a_n=a_1+\sum_{k=1}^{n-1}(2k+1)$$
$$=0+2\cdot\frac{1}{2}(n-1)n+1\cdot(n-1)=n(n-1)+(n-1)$$
よって $a_n=(n-1)(n+1)$

初項は $a_1=0$ であるから，この式は $n=1$ のときにも成り立つ。

したがって，一般項は $a_n=(n-1)(n+1)$ 答

練習
39

次の□に適する数を求めよ。

(1) $a_{n+1}=4a_n-6$ を変形すると $a_{n+1}-□=4(a_n-□)$

(2) $a_{n+1}=2a_n+1$ を変形すると $a_{n+1}+□=2(a_n+□)$

(3) $a_{n+1}=-2a_n+3$ を変形すると $a_{n+1}-□=-2(a_n-□)$

指針 $a_{n+1}=pa_n+q$ の形の漸化式の変形　□にはそれぞれ同じ数が入る。

(1) $c=4c-6$ を満たす c をみつける。

(2) $c=2c+1$ を満たす c をみつける。

(3) $c=-2c+3$ を満たす c をみつける。

解答 (1) $a_{n+1}=4a_n-6$ …… ①に対して，次の等式を満たす c を考える。

$c=4c-6$ …… ②

②を解くと $c=2$　①−②から $a_{n+1}-c=4(a_n-c)$

よって $a_{n+1}-2=4(a_n-2)$　答 **2**

(2) $a_{n+1}=2a_n+1$ …… ①に対して，次の等式を満たす c を考える。

$c=2c+1$ …… ②

②を解くと $c=-1$　①−②から $a_{n+1}-c=2(a_n-c)$

よって $a_{n+1}+1=2(a_n+1)$　答 **1**

(3) $a_{n+1}=-2a_n+3$ …… ①に対して，次の等式を満たす c を考える。

$c=-2c+3$ …… ②

②を解くと $c=1$　①−②から $a_{n+1}-c=-2(a_n-c)$

よって $a_{n+1}-1=-2(a_n-1)$　答 **1**

練習
40

次の条件によって定められる数列 $\{a_n\}$ の一般項を求めよ。

(1) $a_1=5,\ a_{n+1}=4a_n-6$　　(2) $a_1=3,\ a_{n+1}=\dfrac{1}{2}a_n+1$

指針 **漸化式 $a_{n+1}=pa_n+q$ と一般項**　$a_{n+1}=pa_n+q$ の形の漸化式は，等式 $c=pc+q$ を満たす c を用いて，$a_{n+1}-c=p(a_n-c)$ と変形できる。

よって，$b_n=a_n-c$ とおくと，数列 $\{b_n\}$ は公比 p，初項 a_1-c の等比数列になる。

解答 (1) 漸化式を変形すると $a_{n+1}-2=4(a_n-2)$

$b_n=a_n-2$ とすると $b_{n+1}=4b_n$

よって，数列 $\{b_n\}$ は公比 4 の等比数列で，初項は $b_1=a_1-2=5-2=3$

数列 $\{b_n\}$ の一般項は $b_n=3\cdot4^{n-1}$

したがって，数列 $\{a_n\}$ の一般項は，$a_n=b_n+2$ より $a_n=3\cdot4^{n-1}+2$ 答

(2) 漸化式を変形すると $a_{n+1}-2=\dfrac{1}{2}(a_n-2)$

$b_n=a_n-2$ とすると $b_{n+1}=\dfrac{1}{2}b_n$

よって，数列 $\{b_n\}$ は公比 $\dfrac{1}{2}$ の等比数列で，初項は $b_1=a_1-2=3-2=1$

数列 $\{b_n\}$ の一般項は $b_n=1\cdot\left(\dfrac{1}{2}\right)^{n-1}=\left(\dfrac{1}{2}\right)^{n-1}$

したがって，数列 $\{a_n\}$ の一般項は，$a_n=b_n+2$ より $a_n=\left(\dfrac{1}{2}\right)^{n-1}+2$ 答

補足 (1) $c=4c-6$ を解くと $c=2$ (2) $c=\dfrac{1}{2}c+1$ を解くと $c=2$

研究 図形と漸化式

まとめ

図形と漸化式

図形の問題に漸化式を利用する場合がある。n 番目の状態のときの数量を a_n とおき，a_{n+1} と a_n の関係を調べて漸化式を作る。

練習 1

教 p.39

教科書 39 ページの例 1 において，n 本の直線によって，交点はいくつできるか。

指針 **漸化式の応用** n 本の直線によってできる交点の数を a_n 個として，a_{n+1} と a_n の関係を調べて漸化式を作る。その際，直線が 1 本増えると交点が何個増えるかを考えるとよい。

解答 n 本の直線によってできる交点の数を a_n 個とする。

1 本の直線では交点はできないから $a_1=0$

また，$(n+1)$ 本目の直線は，n 本の直線と交わり，交点が n 個できるから

$a_{n+1}=a_n+n$ すなわち $a_{n+1}-a_n=n$

数列 $\{a_n\}$ の階差数列の第 n 項が n であるから，$n\geqq2$ のとき

$a_n=a_1+\displaystyle\sum_{k=1}^{n-1}k=0+\dfrac{1}{2}(n-1)n$ よって $a_n=\dfrac{1}{2}n(n-1)$

初項は $a_1=0$ であるから，この式は $n=1$ のときにも成り立つ。

したがって，n 本の直線によって，交点は $\dfrac{1}{2}n(n-1)$ 個 できる。 答

コラム 漸化式

教 p.40

練習　教科書の 40 ページの会話を参考に，数列 $\{a_n\}$ が満たす漸化式を作り，$\{a_n\}$ の一般項を求めてみよう。

指針　**ハノイの塔と漸化式**　まず，教科書の会話の内容を整理し，「$(n+1)$ 枚の円板を他の棒に移動させる」手順を具体的にシミュレーションしてみるとよい。3 本の棒を A，B，C とし，棒 A にさしてある $(n+1)$ 枚の円板を棒 C に移動させるものとする。この手順は次のようになる。

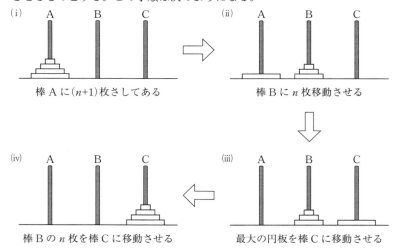

(i) 棒 A に $(n+1)$ 枚さしてある

(ii) 棒 B に n 枚移動させる

(iii) 最大の円板を棒 C に移動させる

(iv) 棒 B の n 枚を棒 C に移動させる

教科書の会話から，(i)から(ii)の状態に至る手数が a_n であることがわかる。このことを参考にしたうえで，残りの(ii)から(iv)の状態に至る手数がどのようになるかを考えてみる。

解答　3 本の棒を A，B，C とし，棒 A にさしてある $(n+1)$ 枚の円板を棒 C に移動させるものとする。また，n 枚の円板を別の棒に移動させる手数が a_n 回である。
まず，棒 A にさしてある円板のうちの n 枚を棒 B に移動させる手数は a_n 回である。次に，棒 A にさしてある最大の円板を棒 C に移動させる手数は 1 回である。さらに，棒 B にさしてある n 枚の円盤を棒 C に移動させる手数は a_n 回である。
以上により，$(n+1)$ 枚の円板を別の棒に移動させる手数が a_{n+1} 回であるから
$a_{n+1}=a_n+1+a_n$　すなわち　$\boldsymbol{a_{n+1}=2a_n+1}$　答
これが数列 $\{a_n\}$ が満たす漸化式である。

漸化式を変形すると　$a_{n+1}+1=2(a_n+1)$

$b_n=a_n+1$ とすると　$b_{n+1}=2b_n$

よって，数列 $\{b_n\}$ は公比 2 の等比数列である。また，1 枚の円板を別の棒に移動させる手数は 1 回であるから，$a_1=1$ より　$b_1=a_1+1=1+1=2$

ゆえに，数列 $\{b_n\}$ の一般項は　$b_n=2\cdot2^{n-1}=2^n$

したがって，数列 $\{a_n\}$ の一般項は，$a_n=b_n-1$ より

$\qquad a_n=2^n-1$　答

発展　隣接 3 項間の漸化式

まとめ

隣接 3 項間の漸化式

漸化式 $a_{n+2}+pa_{n+1}+qa_n=0$ は，2 次方程式 $x^2+px+q=0$ の解 α，β を利用して，次のように変形することできる。

$$a_{n+2}-\alpha a_{n+1}=\beta(a_{n+1}-\alpha a_n)$$
$$a_{n+2}-\beta a_{n+1}=\alpha(a_{n+1}-\beta a_n)$$

参考 $a_{n+2}=(p+1)a_{n+1}-pa_n$ の形の漸化式は，次の形に変形することができる。

$$a_{n+2}-a_{n+1}=p(a_{n+1}-a_n)$$

教 p.42

練習 1 次の条件によって定められる数列 $\{a_n\}$ の一般項を求めよ。

(1)　$a_1=0$，$a_2=1$，$a_{n+2}-7a_{n+1}+10a_n=0$

(2)　$a_1=1$，$a_2=3$，$a_{n+2}-3a_{n+1}+2a_n=0$

指針 **隣接 3 項間の漸化式**

(1)　2 次方程式 $x^2-7x+10=0$ の解は　　$x=2$，5

(2)　2 次方程式 $x^2-3x+2=0$ の解は　　$x=1$，2

解を α，β として，上のまとめのように，漸化式を 2 通りに変形する。

解答 (1)　漸化式 $a_{n+2}-7a_{n+1}+10a_n=0$ を変形すると

$\qquad a_{n+2}-2a_{n+1}=5(a_{n+1}-2a_n)$ ……①

$\qquad a_{n+2}-5a_{n+1}=2(a_{n+1}-5a_n)$ ……②

①より，数列 $\{a_{n+1}-2a_n\}$ は公比 5，初項 $a_2-2a_1=1$ の等比数列であるから

$\qquad a_{n+1}-2a_n=5^{n-1}$ ……③

②より，数列 $\{a_{n+1}-5a_n\}$ は公比 2，初項 $a_2-5a_1=1$ の等比数列であるから

$\qquad a_{n+1}-5a_n=2^{n-1}$ ……④

③−④から　$3a_n=5^{n-1}-2^{n-1}$

すなわち $a_n=\dfrac{5^{n-1}-2^{n-1}}{3}$ 答

(2) 漸化式 $a_{n+2}-3a_{n+1}+2a_n=0$ を変形すると

$$a_{n+2}-a_{n+1}=2(a_{n+1}-a_n) \quad \cdots\cdots ①$$

$$a_{n+2}-2a_{n+1}=a_{n+1}-2a_n \quad \cdots\cdots ②$$

①より，数列 $\{a_{n+1}-a_n\}$ は公比 2，初項 $a_2-a_1=2$ の等比数列であるから

$$a_{n+1}-a_n=2\cdot 2^{n-1}=2^n \quad \cdots\cdots ③$$

②より $a_{n+1}-2a_n=a_n-2a_{n-1}=\cdots\cdots=a_2-2a_1=1$

すなわち $a_{n+1}-2a_n=1 \quad \cdots\cdots ④$

③－④から $a_n=2^n-1$ 答

別解 (2) 漸化式 $a_{n+2}-3a_{n+1}+2a_n=0$ を変形すると

$$a_{n+2}-a_{n+1}=2(a_{n+1}-a_n)$$

$b_n=a_{n+1}-a_n$ とすると

$$b_{n+1}=2b_n, \quad b_1=a_2-a_1=3-1=2$$

よって，数列 $\{b_n\}$ は，初項 2，公比 2 の等比数列であるから，一般項は

$$b_n=2\cdot 2^{n-1}=2^n$$

数列 $\{b_n\}$ は数列 $\{a_n\}$ の階差数列であるから

$n\geqq 2$ のとき $a_n=a_1+\displaystyle\sum_{k=1}^{n-1} 2^k$

$$=1+\dfrac{2(2^{n-1}-1)}{2-1}$$

よって $a_n=2^n-1$

初項は $a_1=1$ であるから，この式は $n=1$ のときにも成り立つ。

したがって，一般項 a_n は $a_n=2^n-1$ 答

教 p.42

練習 2

次の条件によって定められる数列 $\{a_n\}$ がある。

$$a_1=0, \quad a_2=2, \quad a_{n+2}-4a_{n+1}+4a_n=0$$

(1) $a_{n+1}-2a_n=2^n$ であることを示せ。

(2) $\dfrac{a_n}{2^n}=b_n$ とする。$a_{n+1}-2a_n=2^n$ の両辺を 2^{n+1} で割ることによっ

て，数列 $\{b_n\}$ の漸化式を導き，$\{b_n\}$ の一般項を求めよ。

(3) 数列 $\{a_n\}$ の一般項を求めよ。

指針 **隣接 3 項間の漸化式**

(1) 漸化式から $a_{n+2}=4a_{n+1}-4a_n$

よって $a_{n+2}-2a_{n+1}=(4a_{n+1}-4a_n)-2a_{n+1}=2(a_{n+1}-2a_n)$

(3) $a_n=b_n\cdot 2^n$ から求める。

解答 (1) 漸化式 $a_{n+2}-4a_{n+1}+4a_n=0$ を変形すると

$$a_{n+2}-2a_{n+1}=2(a_{n+1}-2a_n)$$

よって，数列 $\{a_{n+1}-2a_n\}$ は公比 2，初項 $a_2-2a_1=2$ の等比数列であるから

$$a_{n+1}-2a_n=2\cdot 2^{n-1}=2^n \quad \text{終}$$

(2) $a_{n+1}-2a_n=2^n$ の両辺を 2^{n+1} で割ると

$$\frac{a_{n+1}}{2^{n+1}}-\frac{a_n}{2^n}=\frac{1}{2}$$

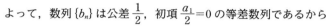

$\dfrac{a_n}{2^n}=b_n$ とすると $\qquad b_{n+1}-b_n=\dfrac{1}{2}$

よって，数列 $\{b_n\}$ は公差 $\dfrac{1}{2}$，初項 $\dfrac{a_1}{2}=0$ の等差数列であるから

$$b_n=0+(n-1)\cdot\frac{1}{2} \quad \text{すなわち} \quad b_n=\frac{1}{2}(n-1) \quad \text{答}$$

(3) 数列 $\{a_n\}$ の一般項は，$a_n=b_n\cdot 2^n$ より

$$a_n=\frac{1}{2}(n-1)\cdot 2^n \quad \text{すなわち} \quad a_n=(n-1)\cdot 2^{n-1} \quad \text{答}$$

10 数学的帰納法

1 数学的帰納法の原理

自然数 n を含む等式 (A) について，次の [1]，[2] を示せたとする。

[1] $n=1$ のとき (A) が成り立つ。

[2] $n=k$ のとき (A) が成り立つと仮定すると，
$n=k+1$ のときも (A) が成り立つ。

このとき，[1] から，まず $n=1$ のとき (A) が成り立つ。

すると，[2] から，$n=1+1$ すなわち $n=2$ のときも (A) が成り立つ。

さらに，[2] から，$n=2+1$ すなわち $n=3$ のときも (A) が成り立つ。

同様に $n=4$, 5, 6, ……のときも (A) が成り立つ。したがって，[1]，[2] を示せば，すべての自然数 n について (A) が成り立つと結論してよい。

このような証明法を **数学的帰納法** という。

2 数学的帰納法

一般に，自然数 n を含む条件 (A) があるとき，
「すべての自然数 n について (A) が成り立つ」
を証明するには，次の [1]，[2] を示せばよい。

[1] $n=1$ のとき (A) が成り立つ。

[2] $n=k$ のとき (A) が成り立つと仮定すると，
$n=k+1$ のときも (A) が成り立つ。

A 数学的帰納法の原理　B 等式の証明

教 p.44

練習41 数学的帰納法を用いて，次の等式を証明せよ。

(1) $1+3+5+\cdots\cdots+(2n-1)=n^2$

(2) $1\cdot2+2\cdot3+3\cdot4+\cdots\cdots+n(n+1)=\dfrac{1}{3}n(n+1)(n+2)$

指針 数学的帰納法による等式の証明　まず，$n=1$ のとき等式が成り立つことを示す。次に，$n=k$ のとき等式が成り立つと仮定し，$n=k+1$ のときも成り立つことを示す。

解答 (1) この等式を (A) とする。

[1] $n=1$ のとき

左辺 $=1$

右辺 $=1^2=1$

よって，$n=1$ のとき，(A) が成り立つ。

[2]　$n=k$ のとき (A) が成り立つ，すなわち

$$1+3+5+\cdots\cdots+(2k-1)=k^2$$

が成り立つと仮定すると，$n=k+1$ のときの (A) の左辺は

$$1+3+5+\cdots\cdots+(2k-1)+\{2(k+1)-1\}$$
$$=k^2+(2k+1)=(k+1)^2$$

$n=k+1$ のときの (A) の右辺は　$(k+1)^2$

よって，$n=k+1$ のときも (A) が成り立つ。

[1]，[2] から，すべての自然数 n について (A) が成り立つ。　終

(2)　この等式を (A) とする。

[1]　$n=1$ のとき

$$左辺=1\cdot2=2$$
$$右辺=\frac{1}{3}\cdot1\cdot(1+1)(1+2)=2$$

よって，$n=1$ のとき，(A) が成り立つ。

[2]　$n=k$ のとき (A) が成り立つ，すなわち

$$1\cdot2+2\cdot3+3\cdot4+\cdots\cdots+k(k+1)=\frac{1}{3}k(k+1)(k+2)$$

が成り立つと仮定すると，$n=k+1$ のときの (A) の左辺は

$$1\cdot2+2\cdot3+3\cdot4+\cdots\cdots+k(k+1)+(k+1)(k+2)$$
$$=\frac{1}{3}k(k+1)(k+2)+(k+1)(k+2)=\frac{1}{3}(k+1)(k+2)(k+3)$$

$n=k+1$ のときの (A) の右辺は

$$\frac{1}{3}(k+1)\{(k+1)+1\}\{(k+1)+2\}=\frac{1}{3}(k+1)(k+2)(k+3)$$

よって，$n=k+1$ のときも (A) が成り立つ。

[1]，[2] から，すべての自然数 n について (A) が成り立つ。　終

C 不等式の証明

教 p.45

練習 42　n を 3 以上の自然数とするとき，次の不等式を証明せよ。

$$2^n>2n+1$$

指針　**数学的帰納法による不等式の証明**　$n\geqq3$ であるから，まず，$n=3$ のときに不等式が成り立つことを示す。

次に，$k\geqq3$ として，$n=k$ のときの不等式 $2^k>2k+1$ が成り立つと仮定すると，不等式 $2^{k+1}>2(k+1)+1$ が成り立つことを示す。

解答　この不等式を (A) とする。

[1]　$n=3$ のとき

左辺＝2^3＝8

右辺＝$2 \cdot 3 + 1$＝7

よって，$n=3$ のとき，(A) が成り立つ。

[2] $k \geqq 3$ として，$n=k$ のとき (A) が成り立つ，すなわち

$2^k > 2k+1$ が成り立つと仮定する。

$n=k+1$ のときの (A) の両辺の差を考えると

$$2^{k+1} - \{2(k+1)+1\} = 2 \cdot 2^k - (2k+3)$$

$$> 2(2k+1) - (2k+3) \qquad \leftarrow 2^k > 2k+1 \text{ より}$$

$$= 2k-1 > 0 \qquad \leftarrow k \geqq 3 \text{ より}$$

すなわち　　$2^{k+1} > 2(k+1)+1$

よって，$n=k+1$ のときも (A) が成り立つ。

[1]，[2] から，3 以上のすべての自然数 n について (A) が成り立つ。　終

D 自然数に関する命題の証明

教 p.46

練習 43　n は自然数とする。5^n-1 は 4 の倍数であることを，数学的帰納法を用いて証明せよ。

指針 **自然数に関する命題の証明**

$n=k$ のとき，5^k-1 は 4 の倍数であると仮定したとき，

「5^k-1 は 4 の倍数である」 $\iff$ 「整数 m を用いて，$5^k-1=4m$ と表される」

のように式を用いた表現に言い換えた上で，この式を $n=k+1$ の式変形で利用する。

解答 「5^n-1 は 4 の倍数である」を (A) とする。

[1]　$n=1$ のとき

$$5^n - 1 = 5^1 - 1 = 4$$

よって，$n=1$ のとき，(A) が成り立つ。

[2]　$n=k$ のとき (A) が成り立つ，すなわち 5^k-1 は 4 の倍数であると仮定すると，ある整数 m を用いて

$$5^k - 1 = 4m \qquad \text{すなわち} \quad 5^k = 4m+1$$

と表される。

$n=k+1$ のときを考えると

$$5^{k+1} - 1 = 5 \cdot 5^k - 1 = 5(4m+1) - 1$$

$$= 4 \cdot 5m + 4 = 4(5m+1)$$

$5m+1$ は整数であるから，$5^{k+1}-1$ は 4 の倍数である。

よって，$n=k+1$ のときも (A) が成り立つ。

[1]，[2] から，すべての自然数 n について (A) が成り立つ。　終

研究 自然数に関する命題のいろいろな証明

まとめ

余りで場合分けする証明法

　自然数に関する命題は，自然数をある数で割ったときの余りによって場合分けする方法を用いても証明できることがある。

教 p.47

練習 1

(1) n は自然数とする。$4n^3 - n$ は 3 の倍数であることを，数学的帰納法を用いて証明せよ。

(2) n は自然数とする。$4n^3 - n$ は 3 の倍数であることを，自然数を 3 で割ったときの余りで場合分けする方法を利用して証明せよ。

指針 自然数に関する命題のいろいろな証明

(1) 教科書 *p.46* の応用例題 7 と同じようにして証明すればよい。

(2) k を整数とし，教科書 *p.47* と同様にして，

　　　[1]　$n = 3k$ のとき　　　　　[2]　$n = 3k+1$ のとき

　　　[3]　$n = 3k+2$ のとき

　の 3 つの場合に分けて証明する。

解答 (1) 「$4n^3 - n$ は 3 の倍数である」を (A) とする。

　[1]　$n = 1$ のとき　　$4n^3 - n = 4 \cdot 1^3 - 1 = 3$

　　　よって，$n = 1$ のとき，(A) が成り立つ。

　[2]　$n = k$ のとき (A) が成り立つ，すなわち $4k^3 - k$ は 3 の倍数であると仮定すると，$4k^3 - k$ はある整数 m を用いて，$4k^3 - k = 3m$ と表される。

　　　$n = k+1$ のときを考えると

$$4(k+1)^3 - (k+1) = 4(k^3 + 3k^2 + 3k + 1) - k - 1$$
$$= (4k^3 - k) + 3(4k^2 + 4k + 1)$$
$$= 3m + 3(4k^2 + 4k + 1)$$
$$= 3(m + 4k^2 + 4k + 1)$$

　　　$m + 4k^2 + 4k + 1$ は整数であるから，

　　　$4(k+1)^3 - (k+1)$ は 3 の倍数である。

　　　よって，$n = k+1$ のときも (A) が成り立つ。

　[1]，[2] から，すべての自然数 n について (A) が成り立つ。　　終

(2) 自然数を 3 で割ったときの余りは 0，1，2 のいずれかである。よって，すべての自然数は，整数 k を用いて，$3k$，$3k+1$，$3k+2$ のいずれかの形に表される。

[1]　$n=3k$ のとき
$$4n^3-n=4\cdot(3k)^3-3k=3(36k^3-k)$$

[2]　$n=3k+1$ のとき
$$4n^3-n=4\cdot(3k+1)^3-(3k+1)$$
$$=3(36k^3+36k^2+11k+1)$$

[3]　$n=3k+2$ のとき
$$4n^3-n=4\cdot(3k+2)^3-(3k+2)$$
$$=3(36k^3+72k^2+47k+10)$$

よって，いずれの場合も，$4n^3-n$ は 3 の倍数である。　終

第1章 第3節　　問　題

教 p.48

16 次の条件によって定められる数列 $\{a_n\}$ の一般項を求めよ。

(1)　$a_1=2$, $a_{n+1}=a_n+2^{n-1}$　$(n=1,\ 2,\ 3,\ \cdots\cdots)$

(2)　$a_1=1$, $a_{n+1}+a_n=3$　$(n=1,\ 2,\ 3,\ \cdots\cdots)$

(3)　$a_1=2$, $2a_{n+1}=a_n+1$　$(n=1,\ 2,\ 3,\ \cdots\cdots)$

指針 **漸化式と一般項**

(1)　与えられた漸化式が $a_{n+1}=a_n+(n\text{ の式})$ の形をしているとき，その数列の一般項は階差数列を利用して求めることができる。

(2), (3)　与えられた漸化式が $a_{n+1}=pa_n+q$ の形になるとき，$c=pc+q$ を満たす c を用いると，$a_{n+1}-c=p(a_n-c)$ と変形できる。このとき，数列 $\{a_n-c\}$ は，公比 p，初項 a_1-c の等比数列である。

解答 (1)　条件より　$a_{n+1}-a_n=2^{n-1}$

数列 $\{a_n\}$ の階差数列の一般項が 2^{n-1} であるから

$n\geqq 2$ のとき
$$a_n=a_1+\sum_{k=1}^{n-1}2^{k-1}=2+\sum_{k=1}^{n-1}2^{k-1}=2+\frac{2^{n-1}-1}{2-1}$$

すなわち　$a_n=2^{n-1}+1$

初項は $a_1=2$ であるから，この式は $n=1$ のときにも成り立つ。

したがって，一般項は　$a_n=2^{n-1}+1$　答

(2)　漸化式を変形すると　$a_{n+1}-\dfrac{3}{2}=-\left(a_n-\dfrac{3}{2}\right)$

$b_n=a_n-\dfrac{3}{2}$ とすると　$b_{n+1}=-b_n$

よって，数列 $\{b_n\}$ は公比 -1 の等比数列で，初項は

$$b_1 = a_1 - \frac{3}{2} = 1 - \frac{3}{2} = -\frac{1}{2}$$

数列 $\{b_n\}$ の一般項は $b_n = -\frac{1}{2}(-1)^{n-1} = \frac{(-1)^n}{2}$

したがって，数列 $\{a_n\}$ の一般項は，$a_n = b_n + \frac{3}{2}$ より $\quad a_n = \dfrac{(-1)^n + 3}{2}$ 答

(3) 漸化式より $\quad a_{n+1} = \frac{1}{2}a_n + \frac{1}{2}$

これを変形すると $\quad a_{n+1} - 1 = \frac{1}{2}(a_n - 1)$

$b_n = a_n - 1$ とすると $\quad b_{n+1} = \frac{1}{2}b_n$

よって，数列 $\{b_n\}$ は公比 $\frac{1}{2}$ の等比数列で，初項は

$$b_1 = a_1 - 1 = 2 - 1 = 1$$

数列 $\{b_n\}$ の一般項は $\quad b_n = 1 \cdot \left(\frac{1}{2}\right)^{n-1} = \left(\frac{1}{2}\right)^{n-1}$

したがって，数列 $\{a_n\}$ の一般項は，$a_n = b_n + 1$ より $\quad a_n = \left(\dfrac{1}{2}\right)^{n-1} + 1$ 答

教 p.48

17 次の条件によって定められる数列 $\{a_n\}$，$\{b_n\}$ の一般項を，それぞれ求めよ。

$a_1 = 0$，$b_1 = 1$，$a_{n+1} = 2a_n + 1$，$b_{n+1} = b_n + a_n \quad (n = 1,\ 2,\ 3,\ \cdots\cdots)$

指針 **数列 $\{a_n\}$，$\{b_n\}$ の漸化式** 2つの漸化式があるが，まず，1つ目の漸化式 $a_{n+1} = 2a_n + 1$ から一般項 a_n を求める。また，もう1つの漸化式 $b_{n+1} = b_n + a_n$ から，数列 $\{a_n\}$ が数列 $\{b_n\}$ の階差数列であることがわかる。

解答 $a_{n+1} = 2a_n + 1$ を変形すると $\quad a_{n+1} + 1 = 2(a_n + 1)$

よって，数列 $\{a_n + 1\}$ は公比 2，初項 $a_1 + 1 = 1$ の等比数列であるから

$$a_n + 1 = 1 \cdot 2^{n-1}$$

したがって，数列 $\{a_n\}$ の一般項は $\quad a_n = 2^{n-1} - 1$ 答

これを $b_{n+1} = b_n + a_n$ に代入すると $\quad b_{n+1} - b_n = 2^{n-1} - 1$

数列 $\{b_n\}$ の階差数列の一般項が $2^{n-1} - 1$ であるから

$n \geqq 2$ のとき $\quad b_n = b_1 + \displaystyle\sum_{k=1}^{n-1}(2^{k-1} - 1) = 1 + \sum_{k=1}^{n-1} 2^{k-1} - \sum_{k=1}^{n-1} 1$

$$= 1 + \frac{2^{n-1} - 1}{2 - 1} - (n - 1)$$

よって $\quad b_n = 2^{n-1} - n + 1$

初項は $b_1 = 1$ であるから，この式は $n = 1$ のときにも成り立つ。

したがって，数列 $\{b_n\}$ の一般項は $\quad b_n = 2^{n-1} - n + 1$ 答

18 次の等式，不等式を数学的帰納法を用いて証明せよ。

(1) $1 \cdot 1! + 2 \cdot 2! + 3 \cdot 3! + \cdots\cdots + n \cdot n! = (n+1)! - 1$

(2) $2^n > n^2 - n + 2$　　ただし，n は 4 以上の自然数

指針　**数学的帰納法による等式，不等式の証明**

(1) [1] $n=1$ のとき，等式が成り立つことを示す。

[2] $n=k$ のとき，等式が成り立つことを仮定し，それを利用して，
$n=k+1$ のときの等式
$$1 \cdot 1! + 2 \cdot 2! + 3 \cdot 3! + \cdots\cdots + k \cdot k! + (k+1) \cdot (k+1)! = \{(k+1)+1\}! - 1$$
が成り立つことを示す。

(2) n は 4 以上の自然数であるから，まず，$n=4$ のとき成り立つことを示す。

次に，$n=k+1$ のときの不等式は，$2^{k+1} > (k+1)^2 - (k+1) + 2$ であるから，
$n=k$ のとき成り立つと仮定した不等式を用いて，
$2^{k+1} - \{(k+1)^2 - (k+1) + 2\} > 0$ を示す。

解答 (1) この等式を (A) とする。

[1] $n=1$ のとき　　左辺$=1 \cdot 1! = 1$，　右辺$=2! - 1 = 1$

よって，$n=1$ のとき，(A) が成り立つ。

[2] $n=k$ のとき (A) が成り立つ，すなわち
$$1 \cdot 1! + 2 \cdot 2! + 3 \cdot 3! + \cdots\cdots + k \cdot k! = (k+1)! - 1$$
が成り立つと仮定すると，$n=k+1$ のときの (A) の左辺は
$$1 \cdot 1! + 2 \cdot 2! + 3 \cdot 3! + \cdots\cdots + k \cdot k! + (k+1) \cdot (k+1)!$$
$$= (k+1)! - 1 + (k+1) \cdot (k+1)! = \{1 + (k+1)\}(k+1)! - 1$$
$$= (k+2)(k+1)! - 1 = (k+2)! - 1$$

$n=k+1$ のときの (A) の右辺は　　$\{(k+1)+1\}! - 1 = (k+2)! - 1$

よって，$n=k+1$ のときも (A) が成り立つ。

[1]，[2] から，すべての自然数 n について (A) が成り立つ。　終

(2) この不等式を (A) とする。

[1] $n=4$ のとき　　左辺$=2^4 = 16$，　右辺$=4^2 - 4 + 2 = 14$

よって，$n=4$ のとき，(A) が成り立つ。

[2] $k \geqq 4$ として，$n=k$ のとき (A) が成り立つ，すなわち $2^k > k^2 - k + 2$ が
成り立つと仮定する。

$n=k+1$ のときの (A) の両辺の差を考えると
$$2^{k+1} - \{(k+1)^2 - (k+1) + 2\} = 2 \cdot 2^k - (k^2 + k + 2)$$
$$> 2(k^2 - k + 2) - (k^2 + k + 2)$$
$$= k^2 - 3k + 2 = (k-1)(k-2) > 0$$

すなわち　　$2^{k+1} > (k+1)^2 - (k+1) + 2$

よって，$n=k+1$ のときも (A) が成り立つ。

[1]，[2]から，4 以上のすべての自然数 n について (A) が成り立つ。 終

教 p.48

19 次の条件によって定められる数列 $\{a_n\}$ がある。

$$a_1=2, \quad a_{n+1}=2-\frac{1}{a_n} \quad (n=1, \ 2, \ 3, \ \cdots\cdots)$$

(1) $a_2, \ a_3, \ a_4$ を求めよ。

(2) 第 n 項 a_n を推測して，それを数学的帰納法を用いて証明せよ。

指針 **漸化式と数学的帰納法**

(2) (1)で求めた $a_2, \ a_3, \ a_4$ から a_n を推測し，それが正しいことを証明する。また，$n=k+1$ について成り立つことを示す際には漸化式を利用する。

解答 (1) $a_2=2-\dfrac{1}{a_1}=2-\dfrac{1}{2}=\dfrac{3}{2}$ 答　$a_3=2-\dfrac{1}{a_2}=2-\dfrac{2}{3}=\dfrac{4}{3}$ 答

$a_4=2-\dfrac{1}{a_3}=2-\dfrac{3}{4}=\dfrac{5}{4}$ 答

(2) (1)の結果から，$a_n=\dfrac{n+1}{n}$ と推測できる。

この等式を(A)とする。

[1] $n=1$ のとき，$a_1=\dfrac{1+1}{1}=2$

よって，$n=1$ のとき，(A)が成り立つ。

[2] $n=k$ のとき(A)が成り立つ，すなわち $a_k=\dfrac{k+1}{k}$ が成り立つと仮定すると，漸化式より

$$a_{k+1}=2-\frac{1}{a_k}=2-\frac{k}{k+1}=\frac{2(k+1)-k}{k+1}=\frac{k+2}{k+1}$$

すなわち　$a_{k+1}=\dfrac{(k+1)+1}{k+1}$

よって，$n=k+1$ のときも(A)が成り立つ。

[1]，[2]から，すべての自然数 n について(A)が成り立つ。 終

20 24時間に1回服用する薬がある。この薬を1回服用すると，服用直後の体内の薬の有効成分は100mg増加する。また，体内に入った薬の有効成分の量は24時間ごとに20％になる。1回目に薬を服用した直後の体内の有効成分の量が100mgであるとき，次の問いに答えよ。

(1) 3回目に薬を服用した直後の体内の有効成分の量を求めよ。

(2) n回目に薬を服用した直後の体内の有効成分の量を$a_n$mgとするとき，a_{n+1}をa_nで表せ。

(3) a_nをnの式で表せ。

指針 漸化式の応用問題

(1)，(2) 問題文から，服用直前には，薬の有効成分は前回の服用直後の$\frac{20}{100}=\frac{1}{5}$になっていることがわかる。したがって，次が成り立つ。

{$(n+1)$回目の服用直後の有効成分の量}

$$=\left\{(n回目の服用直後の有効成分の量)\times\frac{1}{5}+100\right\}(mg)$$

解答 服用直前には，体内の薬の有効成分は，前回の服用直後の$\frac{20}{100}=\frac{1}{5}$であり，新たな薬の服用によって，服用直後の有効成分は100mg増加する。

(1) 2回目に薬を服用した直後の体内の有効成分の量は

$$100\times\frac{1}{5}+100=120(mg)$$

よって，3回目に薬を服用した直後の体内の有効成分の量は

$$120\times\frac{1}{5}+100=\mathbf{124(mg)}\quad 答$$

(2) $a_{n+1}=a_n\times\frac{1}{5}+100$

すなわち $a_{n+1}=\frac{1}{5}a_n+100$ 答

(3) (2)の漸化式から $a_{n+1}-125=\frac{1}{5}(a_n-125)$

数列$\{a_n-125\}$は公比$\frac{1}{5}$，初項$a_1-125=100-125=-25$の等比数列であるから

$$a_n-125=(-25)\cdot\left(\frac{1}{5}\right)^{n-1}$$

したがって $a_n=125-25\left(\frac{1}{5}\right)^{n-1}$ 答

第1章　章末問題A

教 p.49

1. 第4項が14，第8項が30である等差数列がある。次の数は，この数列の項であるかどうかを調べよ。また，項であるときは第何項かを求めよ。

   (1)　70　　　　　　　　　　　　(2)　123

指針 **等差数列の項の存在の判定**　初項 a，公差 d の等差数列の第 n 項を $a_n = a + (n-1)d$ とし，$a_4 = 14$，$a_8 = 30$ から a, d についての連立方程式を立てて a, d を求め，一般項 a_n を表す。次に，$a_n = 70$ や $a_n = 123$ となる自然数 n が存在するかどうかを調べる。

解答　初項を a，公差を d とすると
$$a_n = a + (n-1)d$$
第4項が14であるから　$a + 3d = 14$　……①
第8項が30であるから　$a + 7d = 30$　……②
①，②を解くと　　　　$a = 2$, $d = 4$
よって，一般項は　　　$a_n = 2 + (n-1) \cdot 4$　すなわち　$a_n = 4n - 2$

(1)　第 n 項が70であるとすると　　　$70 = 4n - 2$
　　これを解くと　$n = 18$
　　よって，70 はこの数列の項であり，**第18項** である。　答

(2)　第 n 項が123であるとすると　　$123 = 4n - 2$
　　これを満たす自然数 n は存在しないから，123 はこの数列の **項ではない**。
　　　　　　　　　　　　　　　　　　　　　　　　　　　　　　　　答

教 p.49

2. 初項が60，末項が -30 である等差数列の和が240であるとき，この数列の公差と項数を求めよ。

指針 **等差数列の一般項と和**　公差を d，項数を n として，「第 n 項が -30 であること」，「和が240であること」についてそれぞれ式を立てる。

解答　公差を d，項数を n とする。
第 n 項が -30 であるから　$60 + (n-1)d = -30$　……①
和が240であるから　　　　$\dfrac{1}{2} n\{60 + (-30)\} = 240$　……②
②より　$15n = 240$　　$n = 16$
これを①に代入して　$60 + 15d = -30$　$d = -6$
よって　**公差 -6, 項数 16**　答

3. 1日目に1円，2日目に2円，3日目に4円，4日目に8円，……というように，2日目以降は前日の2倍の金額を毎日貯金するとき，15日間での貯金の総額を求めよ。

指針 **等比数列の和** 貯金する金額 (円) は 1，2，4，8，……となり，初項1，公比2の等比数列であるから，この等比数列の第15項までの和を求める。

解答 貯金する金額 (円) は　　1，2，4，8，……，2^{14}

これは初項1，公比2，項数15の等比数列であるから，15日間の貯金の総額は初項から第15項までの等比数列の和で求められる。

$$\frac{1(2^{15}-1)}{2-1}=2^{15}-1=32768-1=32767$$

よって，15日間の貯金の総額は　　**32767円**　答

4. 初項が正の数である等比数列 $\{a_n\}$ の，第2項と第4項の和が20で，第4項と第6項の和が80であるとき，次のものを求めよ。
   (1) 初項と公比　　　　　　　　(2) 初項から第10項までの和

指針 **等比数列の一般項と和**
   (1) 初項を a，公比を r とし，$a_2+a_4=20$，$a_4+a_6=80$ から，a と r についての連立方程式を立てる。
   (2) 初項 a，公比 r の等比数列の初項から第 n 項までの和 S_n は

   $r \neq 1$ のとき　$S_n=\dfrac{a(r^n-1)}{r-1}$

解答 (1) 初項を a，公比を r とすると
   第2項と第4項の和が20であるから
   　$ar+ar^3=20$　…… ①
   第4項と第6項の和が80であるから
   　$ar^3+ar^5=80$　…… ②
   ②の左辺を変形すると　$r^2(ar+ar^3)=80$
   ①を代入して　$20r^2=80$
   よって　$r^2=4$　ゆえに　$r=\pm2$
   $r=2$ のとき，①より　$10a=20$　$a=2$
   $r=-2$ のとき，①より　$-10a=20$　$a=-2$
   $a>0$ であるから　**初項2，公比2**　答
   (2) (1)より，初項2，公比2であるから，初項から第10項までの和は
   $$\frac{2(2^{10}-1)}{2-1}=2\times1023=\textbf{2046}$$　答

5. 次の数列の第 k 項を k の式で表せ。また，この数列の和を求めよ。
$$1,\ 1+3,\ 1+3+5,\ \cdots\cdots,\ 1+3+5+\cdots\cdots+(2n-1)$$

指針 **和の形の数列の一般項と和**　この数列の第 k 項は，k 個の正の奇数の和になっている。

解答　この数列の第 k 項は　$1+3+5+\cdots\cdots+(2k-1)=k^2$　答
　　　また，この数列の項数は n であるから，求める和は
$$\sum_{k=1}^{n}k^2=\frac{1}{6}n(n+1)(2n+1)\ \text{答}$$

6. 次の条件によって定められる数列 $\{a_n\}$ がある。
$$a_1=1,\ na_{n+1}=2(n+1)a_n\quad(n=1,\ 2,\ 3,\ \cdots\cdots)$$

(1) $b_n=\dfrac{a_n}{n}$ とするとき，数列 $\{b_n\}$ の一般項を求めよ。

(2) 数列 $\{a_n\}$ の一般項を求めよ。

指針 **漸化式とおき換え**
(1) 漸化式の両辺を $n(n+1)$ で割る。
(2) $a_n=nb_n$ から，a_n を求める。

解答 (1) 漸化式の両辺を $n(n+1)$ で割ると　$\dfrac{a_{n+1}}{n+1}=2\cdot\dfrac{a_n}{n}$

$b_n=\dfrac{a_n}{n}$ のとき，$b_{n+1}=\dfrac{a_{n+1}}{n+1}$ であるから　$b_{n+1}=2b_n$

数列 $\{b_n\}$ は公比 2 の等比数列で，初項は　$b_1=\dfrac{a_1}{1}=\dfrac{1}{1}=1$

よって，数列 $\{b_n\}$ の一般項は　$b_n=1\cdot2^{n-1}$
すなわち　$b_n=2^{n-1}$　答

(2) $b_n=\dfrac{a_n}{n}$ から　$a_n=nb_n$

よって，数列 $\{a_n\}$ の一般項は　$a_n=n\cdot2^{n-1}$　答

7. すべての自然数 n について，7^n-1 は 6 の倍数である。このことを，数学的帰納法を用いて証明せよ。

指針 **自然数に関する命題の証明**　まず，$n=1$ のときを示す。次に，$n=k$ のときの命題の成立を仮定して，$7^k-1=6m$（m は整数）とおき，$7^{k+1}-1$ が $6\times$（整数）と表されることを示す。

解答 「7^n-1 は 6 の倍数である」を (A) とする。

[1] $n=1$ のとき

$$7^n-1=7^1-1=6$$

よって，$n=1$ のとき，(A) が成り立つ。

[2] $n=k$ のとき (A) が成り立つ，すなわち 7^k-1 は 6 の倍数であると仮定すると，ある整数 m を用いて

$$7^k-1=6m$$

すなわち $7^k=6m+1$ と表される。

$n=k+1$ のときを考えると

$$7^{k+1}-1=7\cdot7^k-1=7(6m+1)-1$$
$$=42m+6=6(7m+1)$$

$7m+1$ は整数であるから，$7^{k+1}-1$ は 6 の倍数である。

よって，$n=k+1$ のときも (A) が成り立つ。

[1], [2] から，すべての自然数 n について (A) が成り立つ。 終

第1章　章末問題B

教 p.50

8. 分数の列を，次のような群に分ける。ただし，第 n 群には n 個の分数が入り，その分母は n，分子は 1 から n までの自然数であるとする。

$$\frac{1}{1}\ \bigg|\ \frac{1}{2},\ \frac{2}{2}\ \bigg|\ \frac{1}{3},\ \frac{2}{3},\ \frac{3}{3}\ \bigg|\ \frac{1}{4},\ \frac{2}{4},\ \frac{3}{4},\ \frac{4}{4}\ \bigg|\ \frac{1}{5},\ \cdots\cdots$$

第1群　第2群　　第3群　　　　第4群

(1) $\dfrac{3}{10}$ は第何項か。　　　　(2) 第 100 項を求めよ。

指針 **群に分けられた数列**　分母が同じ項が 1 つの群になっている。

(1) $\dfrac{3}{10}$ は第 10 群の 3 番目である。まず，第 9 群までの項数を求める。

(2) 第 100 項が第 n 群に入るとすると

{第 $(n-1)$ 群までの項数}$<100\leqq$(第 n 群までの項数)

が成り立つ。これを満たす n を求める。

解答 (1) $\dfrac{3}{10}$ は第 10 群の 3 番目の数である。

第 1 群から第 9 群までの項数は　$\displaystyle\sum_{k=1}^{9}k=\frac{1}{2}\cdot9(9+1)=45$

よって，$45+3=48$ から，$\dfrac{3}{10}$ はこの数列の **第48項** である。 答

(2) 第 100 項が第 n 群に入る数であるとすると

{第 $(n-1)$ 群までの項数}$<100\leqq$(第 n 群までの項数) より

$$\sum_{k=1}^{n-1}k<100\leqq\sum_{k=1}^{n}k \qquad \text{したがって} \quad \frac{1}{2}(n-1)n<100\leqq\frac{1}{2}n(n+1)$$

すなわち $\quad (n-1)n<200\leqq n(n+1)$

$13\times14=182,\ 14\times15=210$ より，これを満たす自然数 n は $\quad n=14$

よって，第 100 項は第 14 群に入る数であり

$$100-\sum_{k=1}^{13}k=100-\frac{1}{2}\cdot13(13+1)=100-91=9$$

であるから，第 100 項は $\quad \dfrac{9}{14}$ 答

9. 項数 n の数列 $1\cdot n,\ 2(n-1),\ 3(n-2),\ \cdots\cdots,\ n\cdot1$ がある。

(1) この数列の第 k 項を n と k を用いた式で表せ。

(2) この数列の和を求めよ。

指針 $\sum$ の計算の利用

(1) 各項の左側の数だけに着目すると $\quad 1,\ 2,\ 3,\ \cdots\cdots,\ n$
同様に，右側の数だけに着目すると $\quad n,\ n-1,\ n-2,\ \cdots\cdots,\ 1$
それぞれの第 k 項の積が，求める第 k 項である。

(2) 一般項には 2 つの文字 n と k が含まれるが，n は k に無関係な定数であることに注意して計算する。

解答 (1) 各項を 2 つの数列に分けて考えると

$1,\ 2,\ 3,\ \cdots\cdots,\ n$ …… ①

$n,\ n-1,\ n-2,\ \cdots\cdots,\ 1$ …… ②

①の第 k 項は k，②の第 k 項は $\quad n-(k-1)=n-k+1$
よって，この数列の第 k 項は $\quad \boldsymbol{k(n-k+1)}$ 答

(2) この数列の和は，(1)より

$$\sum_{k=1}^{n}k(n-k+1)=\sum_{k=1}^{n}\{-k^2+(n+1)k\}=-\sum_{k=1}^{n}k^2+(n+1)\sum_{k=1}^{n}k$$

$$=-\frac{1}{6}n(n+1)(2n+1)+(n+1)\cdot\frac{1}{2}n(n+1)$$

$$=\frac{1}{6}n(n+1)\{-(2n+1)+3(n+1)\}$$

$$=\frac{1}{6}\boldsymbol{n(n+1)(n+2)}$$ 答

10. 数列 $\{a_n\}$ の初項から第 n 項までの和 S_n が，$S_n = 2a_n - 1$ であるとする。

    (1) $a_{n+1} = 2a_n$ であることを示せ。   (2) 第 n 項 a_n を求めよ。

指針 **数列の和と一般項**

  (1) $a_{n+1} = S_{n+1} - S_n$ であることを利用して変形するとよい。

  (2) (1)より，数列 $\{a_n\}$ は等比数列であることがわかる。

解答 (1) $a_{n+1} = S_{n+1} - S_n$ であるから

$$a_{n+1} = (2a_{n+1} - 1) - (2a_n - 1) = 2a_{n+1} - 2a_n$$

    よって $a_{n+1} = 2a_n$ 終

  (2) (1)より，数列 $\{a_n\}$ は公比 2 の等比数列であり，初項 a_1 は

$$a_1 = S_1 = 2a_1 - 1$$

    より $a_1 = 1$

    したがって，数列 $\{a_n\}$ の一般項は

$$a_n = 1 \cdot 2^{n-1}\quad \text{すなわち}\quad a_n = 2^{n-1}\quad 答$$

11. 次の条件によって定められる数列 $\{a_n\}$ の一般項を求めよ。

  (1) $a_1 = \dfrac{1}{2}$, $\dfrac{1}{a_{n+1}} - \dfrac{1}{a_n} = 2(n+1)$ $(n = 1,\ 2,\ 3,\ \cdots\cdots)$

  (2) $a_1 = 1$, $a_{n+1} - 3a_n = 2^{n+1}$ $(n = 1,\ 2,\ 3,\ \cdots\cdots)$

指針 **漸化式と一般項**

  (1) $b_n = \dfrac{1}{a_n}$ とすると，$b_{n+1} - b_n = 2(n+1)$ となり，数列 $\{b_n\}$ の階差数列の一般項が $2(n+1)$ であることがわかる。

  (2) 漸化式の両辺を 2^{n+1} で割り，$\dfrac{a_n}{2^n} = b_n$ とおいて，数列 $\{b_n\}$ の漸化式を導く。

解答 (1) $b_n = \dfrac{1}{a_n}$ とすると，与えられた漸化式は $b_{n+1} - b_n = 2(n+1)$

    また $b_1 = \dfrac{1}{a_1} = 2$ 数列 $\{b_n\}$ の階差数列の一般項が $2(n+1)$ であるから，$n \geqq 2$ のとき

$$b_n = b_1 + \sum_{k=1}^{n-1} 2(k+1) = 2 + 2 \cdot \frac{1}{2}(n-1)n + 2(n-1) = n^2 + n$$

    よって $b_n = n(n+1)$

    初項は $b_1 = 2$ であるから，この式は $n = 1$ のときにも成り立つ。

    したがって，数列 $\{a_n\}$ の一般項は，$a_n = \dfrac{1}{b_n}$ より $a_n = \dfrac{1}{n(n+1)}$ 答

(2) 漸化式の両辺を 2^{n+1} で割ると

$$\frac{a_{n+1}}{2^{n+1}}-\frac{3a_n}{2^{n+1}}=1 \quad \text{すなわち} \quad \frac{a_{n+1}}{2^{n+1}}-\frac{3}{2}\cdot\frac{a_n}{2^n}=1$$

$\dfrac{a_n}{2^n}=b_n$ とすると，与えられた漸化式は

$$b_{n+1}-\frac{3}{2}b_n=1 \quad \text{また} \quad b_1=\frac{a_1}{2^1}=\frac{1}{2}$$

漸化式を変形すると $\quad b_{n+1}+2=\dfrac{3}{2}(b_n+2)$

よって，数列 $\{b_n+2\}$ は公比 $\dfrac{3}{2}$，初項 $b_1+2=\dfrac{1}{2}+2=\dfrac{5}{2}$ の等比数列である

から $\quad b_n+2=\dfrac{5}{2}\left(\dfrac{3}{2}\right)^{n-1} \quad$ ゆえに $\quad b_n=\dfrac{5}{2}\left(\dfrac{3}{2}\right)^{n-1}-2$

したがって，数列 $\{a_n\}$ の一般項は，$a_n=b_n\cdot 2^n$ より

$$a_n=\left\{\frac{5}{2}\left(\frac{3}{2}\right)^{n-1}-2\right\}\cdot 2^n=5\cdot 3^{n-1}-2^{n+1} \quad \boxed{答}$$

教 p.50

12. $a>0$ で n を自然数とする。数学的帰納法を用いて，不等式 $(1+a)^n \geqq 1+na$ を証明せよ。

指針 **数学的帰納法による不等式の証明**

$n=k$ で成り立つと仮定し，$n=k+1$ のときの不等式 $(1+a)^{k+1}\geqq 1+(k+1)a$ が成り立つことを示す。

解答 不等式 $(1+a)^n \geqq 1+na$ を (A) とする。

[1] $n=1$ のとき

$$左辺=1+a$$
$$右辺=1+1\cdot a=1+a$$

よって，$n=1$ のとき，(A) が成り立つ。

[2] $n=k$ のとき (A) が成り立つ，すなわち

$(1+a)^k \geqq 1+ka$ が成り立つと仮定する。

$n=k+1$ のときの (A) の両辺の差を考えると

$$\begin{aligned}
(1+a)^{k+1}-\{1+(k+1)a\}&=(1+a)(1+a)^k-\{1+(k+1)a\}\\
&\geqq (1+a)(1+ka)-\{1+(k+1)a\}\\
&=1+ka^2+a+ka-1-ka-a=ka^2>0
\end{aligned}$$

すなわち $\quad (1+a)^{k+1}\geqq 1+(k+1)a$

よって，$n=k+1$ のときも (A) が成り立つ。

[1]，[2]から，すべての自然数 n について (A) が成り立つ。 $\quad \boxed{終}$

13. 次の条件によって定められる数列 $\{a_n\}$, $\{b_n\}$ がある。

$$a_1=0, \quad b_1=1, \quad a_{n+1}=a_n+2b_n, \quad b_{n+1}=2a_n+b_n$$

(1) 数列 $\{a_n+b_n\}$, $\{a_n-b_n\}$ の一般項を，それぞれ求めよ。

(2) 数列 $\{a_n\}$, $\{b_n\}$ の一般項を，それぞれ求めよ。

指針 **数列 $\{a_n\}$, $\{b_n\}$ の漸化式**

(1) 設問のように，数列 $\{a_n+b_n\}$ を考えると，2 つの漸化式から
$$a_{n+1}+b_{n+1}=3(a_n+b_n)$$
よって，数列 $\{a_n+b_n\}$ は公比 3 の等比数列であることがわかる。

数列 $\{a_n-b_n\}$ も同様に考える。

(2) (1)の結果より，a_n, b_n の連立方程式を解く要領で，a_n, b_n を求める。

解答 (1) $a_{n+1}=a_n+2b_n$ ……①

$b_{n+1}=2a_n+b_n$ ……② とする。

①+②から $a_{n+1}+b_{n+1}=3(a_n+b_n)$

よって，数列 $\{a_n+b_n\}$ は公比 3，初項 $a_1+b_1=1$ の等比数列であるから
$$a_n+b_n=1\cdot 3^{n-1}$$
すなわち $\boldsymbol{a_n+b_n=3^{n-1}}$ 答

また，①−②から $a_{n+1}-b_{n+1}=-(a_n-b_n)$

よって，数列 $\{a_n-b_n\}$ は公比 -1，初項 $a_1-b_1=-1$ の等比数列であるから
$$a_n-b_n=-1\cdot(-1)^{n-1}$$
すなわち $\boldsymbol{a_n-b_n=(-1)^n}$ 答

(2) (1)から $a_n+b_n=3^{n-1}$ ……③

$a_n-b_n=(-1)^n$ ……④

③+④から $2a_n=3^{n-1}+(-1)^n$

よって $\boldsymbol{a_n=\dfrac{3^{n-1}+(-1)^n}{2}}$ 答

③−④から $2b_n=3^{n-1}-(-1)^n$

よって $\boldsymbol{b_n=\dfrac{3^{n-1}-(-1)^n}{2}}$ 答

第2章 | 統計的な推測

第1節 確率分布

1 確率変数と確率分布

まとめ

1 確率変数

試行の結果によってその値が定まり，各値に対応して確率が定まるような変数を **確率変数** という。

2 確率分布

確率変数 X のとりうる値が x_1, x_2, ……, x_n であり，それぞれの値をとる確率が p_1, p_2, ……, p_n であるとき，次のことが成り立つ。

$$p_1 \geqq 0, \ p_2 \geqq 0, \ \cdots\cdots, \ p_n \geqq 0$$
$$p_1 + p_2 + \cdots\cdots + p_n = 1$$

確率変数 X のとりうる値とその値をとる確率との対応関係は，下の表のように書き表される。この対応関係を，X の **確率分布** または **分布** といい，確率変数 X はこの分布に **従う** という。

X	x_1	x_2	……	x_n	計
P	p_1	p_2	……	p_n	1

3 確率の表し方

確率変数 X が値 a をとる確率を $P(X=a)$ で表す。

また，X が a 以上 b 以下の値をとる確率を $P(a \leqq X \leqq b)$ で表す。

A 確率変数　**B** 確率分布の求め方

教 p.53

練習 1
白玉2個と黒玉3個の入った袋から，4個の玉を同時に取り出すとき，出る黒玉の個数を X とする。X の確率分布を求めよ。

指針 **確率分布の求め方**　確率変数 X(出る黒玉の個数) は 2 か 3 である。4 個の玉を同時に取り出すときに黒玉が 2 個，3 個になる確率を求め，対応関係を表にする。求めた確率の和は 1 になる。

解答 X のとりうる値は，2, 3 である。

各値について，X がその値をとる確率を求めると

$$P(X=2)=\frac{{}_2\mathrm{C}_2\times{}_3\mathrm{C}_2}{{}_5\mathrm{C}_4}=\frac{{}_2\mathrm{C}_2\times{}_3\mathrm{C}_1}{{}_5\mathrm{C}_1}=\frac{3}{5}$$

$$P(X=3)=\frac{{}_2\mathrm{C}_1\times{}_3\mathrm{C}_3}{{}_5\mathrm{C}_4}=\frac{{}_2\mathrm{C}_1\times{}_3\mathrm{C}_3}{{}_5\mathrm{C}_1}=\frac{2}{5}$$

よって，X の確率分布は右の表のようになる。

X	2	3	計
P	$\dfrac{3}{5}$	$\dfrac{2}{5}$	1

答

練習 2 教 p.53

2個のさいころを同時に投げて，出る目の和を X とする。X の確率分布を求めよ。

指針 **確率分布の求め方** 確率変数 X(出る目の和) は多くの値をとりうる。このような場合は，解答のように，2個のさいころの目とその和を対応させた表を作ると，すべての場合をもれなく把握できる。

解答 2個のさいころの出る目とその和の対応は右の表のようになる。この表から，X のとりうる値は，2，3，4，……，11，12 である。

起こりうるすべての場合の数は

$6\times6=36$(通り) であるから，X が各値をとる確率を求めると，X の確率分布は次の表のようになる。

	1	2	3	4	5	6
1	2	3	4	5	6	7
2	3	4	5	6	7	8
3	4	5	6	7	8	9
4	5	6	7	8	9	10
5	6	7	8	9	10	11
6	7	8	9	10	11	12

X	2	3	4	5	6	7	8	9	10	11	12	計
P	$\dfrac{1}{36}$	$\dfrac{2}{36}$	$\dfrac{3}{36}$	$\dfrac{4}{36}$	$\dfrac{5}{36}$	$\dfrac{6}{36}$	$\dfrac{5}{36}$	$\dfrac{4}{36}$	$\dfrac{3}{36}$	$\dfrac{2}{36}$	$\dfrac{1}{36}$	1

答

注意 本問のように，確率変数のとりうる値が多い場合には，求めた確率の和を計算してそれが1になるかどうかを確認し，計算ミスがないかをチェックするとよい。

2 確率変数の期待値と分散

まとめ

1 期待値（平均）

確率変数 X の確率分布が右の表で与えられ
ているとき

$$x_1 p_1 + x_2 p_2 + \cdots\cdots + x_n p_n = \sum_{k=1}^{n} x_k p_k$$

表

X	x_1	x_2	$\cdots\cdots$	x_n	計
P	p_1	p_2	$\cdots\cdots$	p_n	1

を，X の **期待値** または **平均** といい，$E(X)$ または m で表す。

2 $aX+b$ の期待値

X を確率変数，a，b を定数とするとき，$aX+b$ も確率変数であり

$$E(aX+b) = aE(X) + b$$

3 X^2 の期待値

確率変数 X に対して，X^2 もまた確率変数である。X の確率分布が右上の表

で与えられるとき，X^2 の期待値は $\quad E(X^2) = \sum_{k=1}^{n} x_k{}^2 p_k$

4 確率変数の分散

確率変数 X の確率分布が右上の表で与えられ，その期待値が m であるとす
るとき，確率変数 $(X-m)^2$ の期待値 $E((X-m)^2)$ を，確率変数 X の **分散** と
いい，$V(X)$ で表す。

$$\begin{aligned}
V(X) &= E((X-m)^2) \\
&= (x_1-m)^2 p_1 + (x_2-m)^2 p_2 + \cdots\cdots + (x_n-m)^2 p_n \\
&= \sum_{k=1}^{n} (x_k-m)^2 p_k
\end{aligned}$$

5 分散と期待値

確率変数 X の分散について，次の関係が成り立つ。

$$V(X) = E(X^2) - \{E(X)\}^2 \qquad \leftarrow (X の分散) = (X^2 の期待値) - (X の期待値)^2$$

6 確率変数の標準偏差

確率変数 X について，X の分散 $V(X)$ の正の平方根 $\sqrt{V(X)}$ を X の **標準偏
差** といい，$\sigma(X)$ で表す。

注意 $\sigma(X)$ の σ はギリシャ文字の小文字で「シグマ」と読む。

参考 標準偏差 $\sigma(X)$ は，X の分布の平均 m を中心として，X のとる値の散
らばる傾向の程度を表している。標準偏差 $\sigma(X)$ の値が小さいほど，X
のとる値は，平均 m の近くに集中する傾向にある。

7 $aX+b$ の分散と標準偏差

X を確率変数，a，b を定数とするとき

$$V(aX+b) = a^2 V(X), \quad \sigma(aX+b) = |a|\sigma(X)$$

A 確率変数の期待値

教 p.56

練習 3
白玉 4 個と黒玉 2 個の入った袋から，2 個の玉を同時に取り出すとき，出る白玉の個数を X とする。X の期待値を求めよ。

指針 **確率変数の期待値** まず，X の各値に対応する確率を求め，確率分布の表を作る。次に，その表をもとに，(X の値)×(確率) の和を計算すればよい。

解答 X のとりうる値は，0，1，2 であり，X が各値をとる確率は

$$P(X=0)=\frac{{}_2\mathrm{C}_2}{{}_6\mathrm{C}_2}=\frac{1}{15},\quad P(X=1)=\frac{{}_4\mathrm{C}_1\times{}_2\mathrm{C}_1}{{}_6\mathrm{C}_2}=\frac{8}{15},$$

$$P(X=2)=\frac{{}_4\mathrm{C}_2}{{}_6\mathrm{C}_2}=\frac{6}{15}$$

よって，X の確率分布は右の表のようになる。
したがって，X の期待値 $E(X)$ は

$$E(X)=0\cdot\frac{1}{15}+1\cdot\frac{8}{15}+2\cdot\frac{6}{15}=\frac{4}{3}\quad 答$$

X	0	1	2	計
P	$\dfrac{1}{15}$	$\dfrac{8}{15}$	$\dfrac{6}{15}$	1

期待値は数学 A でも学習したね。

B $aX+b$ の期待値

教 p.57

練習 4
教科書の例 3 の確率変数 X に対して，次の確率変数の期待値を求めよ。
(1) $X+2$　　　(2) $4X-1$　　　(3) $-3X$

指針 **$aX+b$ の期待値** $E(aX+b)=aE(X)+b$ を利用して，教科書 *p.*57 例 3 で求めた $E(X)=\dfrac{7}{2}$ をもとにして計算する。

解答 $E(X)=\dfrac{7}{2}$ より

(1) $E(X+2)=E(X)+2=\dfrac{7}{2}+2=\dfrac{11}{2}$　答

(2) $E(4X-1)=4E(X)-1=4\cdot\dfrac{7}{2}-1=13$　答

(3) $E(-3X)=-3E(X)=-3\cdot\dfrac{7}{2}=-\dfrac{21}{2}$　答

C X^2 の期待値

練習 5

2枚の硬貨を同時に投げて表が出る硬貨の枚数を X とするとき，X^2 の期待値を求めよ。

指針 **X^2 の期待値** 確率変数 X のとりうる値は 0，1，2 である。まず，X の確率分布を求める。

解答 表裏の出方は全部で $2^2=4$(通り)

$X=0$ となるのは （裏，裏）

$X=1$ となるのは （表，裏），（裏，表）

$X=2$ となるのは （表，表）

よって，X の確率分布は右の表のようになるから，X^2 の期待値は

X	0	1	2	計
P	$\frac{1}{4}$	$\frac{2}{4}$	$\frac{1}{4}$	1

$$E(X^2)=0^2\cdot\frac{1}{4}+1^2\cdot\frac{2}{4}+2^2\cdot\frac{1}{4}=\frac{3}{2} \quad 答$$

D 確率変数の分散と標準偏差

練習 6

確率変数 X の確率分布が右の表で与えられるとき，X の分散を求めよ。

X	0	1	2	計
P	$\frac{1}{10}$	$\frac{6}{10}$	$\frac{3}{10}$	1

指針 **分散の定義による計算** まず，期待値 $m=E(X)$ を求め，次に，

$V(X)=\sum_{k=1}^{n}(x_k-m)^2 p_k$ の定義式をもとにして，分散 $V(X)$ を計算する。

解答 X の期待値は

$$m=E(X)=0\cdot\frac{1}{10}+1\cdot\frac{6}{10}+2\cdot\frac{3}{10}=\frac{12}{10}=\frac{6}{5}$$

よって，X の分散は

$$V(X)=\left(0-\frac{6}{5}\right)^2\cdot\frac{1}{10}+\left(1-\frac{6}{5}\right)^2\cdot\frac{6}{10}+\left(2-\frac{6}{5}\right)^2\cdot\frac{3}{10}=\frac{90}{250}=\frac{9}{25} \quad 答$$

練習 7
白玉 2 個と黒玉 3 個の入った袋から，2 個の玉を同時に取り出すとき，出る白玉の個数を X とする。X の分散を求めよ。

指針 **分散と期待値** まず，X の確率分布を求めて $E(X)$，$E(X^2)$ を計算する。次に，$V(X)=E(X^2)-\{E(X)\}^2$ を利用して，分散を計算する。

解答 X のとりうる値は，0，1，2 であり，X が各値をとる確率は

$$P(X=0)=\frac{{}_3C_2}{{}_5C_2}=\frac{3}{10}, \quad P(X=1)=\frac{{}_2C_1\times{}_3C_1}{{}_5C_2}=\frac{6}{10},$$

$$P(X=2)=\frac{{}_2C_2}{{}_5C_2}=\frac{1}{10}$$

よって，X の確率分布は右の表のようになる。

X	0	1	2	計
P	$\frac{3}{10}$	$\frac{6}{10}$	$\frac{1}{10}$	1

$$E(X)=0\cdot\frac{3}{10}+1\cdot\frac{6}{10}+2\cdot\frac{1}{10}=\frac{8}{10}=\frac{4}{5} \qquad \leftarrow \sum_{k=1}^{n}x_k p_k$$

$$E(X^2)=0^2\cdot\frac{3}{10}+1^2\cdot\frac{6}{10}+2^2\cdot\frac{1}{10}=\frac{10}{10}=1 \qquad \leftarrow \sum_{k=1}^{n}x_k{}^2 p_k$$

したがって，X の分散は

$$V(X)=E(X^2)-\{E(X)\}^2=1-\left(\frac{4}{5}\right)^2=\frac{9}{25} \quad 答$$

練習 8
確率変数 X の確率分布が右の表で与えられるとき，次の値を求めよ。
(1) X の分散　　(2) X の標準偏差

X	0	1	2	計
P	$\frac{3}{6}$	$\frac{2}{6}$	$\frac{1}{6}$	1

指針 **分散と標準偏差** まず，$E(X)$，$E(X^2)$ を計算し，$V(X)=E(X^2)-\{E(X)\}^2$，$\sigma(X)=\sqrt{V(X)}$ より，分散，標準偏差を求める。

解答 (1) $E(X)=0\cdot\frac{3}{6}+1\cdot\frac{2}{6}+2\cdot\frac{1}{6}=\frac{2}{3}$ $\qquad \leftarrow \sum_{k=1}^{n}x_k p_k$

$E(X^2)=0^2\cdot\frac{3}{6}+1^2\cdot\frac{2}{6}+2^2\cdot\frac{1}{6}=1$ $\qquad \leftarrow \sum_{k=1}^{n}x_k{}^2 p_k$

よって，X の分散は

$$V(X)=E(X^2)-\{E(X)\}^2=1-\left(\frac{2}{3}\right)^2=\frac{5}{9} \quad 答$$

(2) X の標準偏差は $\sigma(X)=\sqrt{V(X)}=\sqrt{\frac{5}{9}}=\frac{\sqrt{5}}{3}$ 答

E $aX+b$ の分散と標準偏差

練習 9 教科書の例8において，次の確率変数の期待値，分散，標準偏差を求めよ。

(1) $X+4$ (2) $-2X$ (3) $3X-2$

指針 $aX+b$ **の期待値，分散，標準偏差** X を確率変数，a, b を定数とするとき
$$E(aX+b)=aE(X)+b, \quad V(aX+b)=a^2V(X), \quad \sigma(aX+b)=|a|\sigma(X)$$

解答 教科書 *p.*61 の例8より，1個のさいころを投げて出る目を X とすると
$$E(X)=\frac{7}{2}, \qquad V(X)=\frac{35}{12}, \qquad \sigma(X)=\frac{\sqrt{105}}{6}$$

(1) $E(X+4)=E(X)+4=\frac{7}{2}+4=\frac{15}{2}$

$\quad V(X+4)=1^2\cdot V(X)=\frac{35}{12}$

$\quad \sigma(X+4)=|1|\sigma(X)=\frac{\sqrt{105}}{6}$

圀 期待値 $\frac{15}{2}$，分散 $\frac{35}{12}$，標準偏差 $\frac{\sqrt{105}}{6}$

(2) $E(-2X)=-2E(X)=-2\cdot\frac{7}{2}=-7$

$\quad V(-2X)=(-2)^2V(X)=(-2)^2\cdot\frac{35}{12}=\frac{35}{3}$

$\quad \sigma(-2X)=|-2|\sigma(X)=2\cdot\frac{\sqrt{105}}{6}=\frac{\sqrt{105}}{3}$

圀 期待値 -7，分散 $\frac{35}{3}$，標準偏差 $\frac{\sqrt{105}}{3}$

(3) $E(3X-2)=3E(X)-2=3\cdot\frac{7}{2}-2=\frac{17}{2}$

$\quad V(3X-2)=3^2V(X)=3^2\cdot\frac{35}{12}=\frac{105}{4}$

$\quad \sigma(3X-2)=|3|\sigma(X)=3\cdot\frac{\sqrt{105}}{6}=\frac{\sqrt{105}}{2}$

圀 期待値 $\frac{17}{2}$，分散 $\frac{105}{4}$，標準偏差 $\frac{\sqrt{105}}{2}$

3 確率変数の和と積

1 同時分布

ある試行によって X, Y の値が定まるとき, $X=a$ かつ $Y=b$ である確率を $P(X=a,\ Y=b)$ と表す。たとえば

$$P(X=1,\ Y=1)=\frac{2}{15},\quad P(X=1,\ Y=2)=\frac{4}{15}$$

$$P(X=2,\ Y=1)=\frac{4}{15},\quad P(X=2,\ Y=2)=\frac{5}{15}$$

のとき, X のみ, Y のみに着目すると

$$P(X=1)=\frac{2}{15}+\frac{4}{15}=\frac{6}{15},\quad P(X=2)=\frac{4}{15}+\frac{5}{15}=\frac{9}{15}$$

$$P(Y=1)=\frac{2}{15}+\frac{4}{15}=\frac{6}{15},\quad P(Y=2)=\frac{4}{15}+\frac{5}{15}=\frac{9}{15}$$

であり, X, Y は確率変数である。

この確率変数 X, Y の確率分布は, 右のように表される。この対応を X, Y の **同時分布** という。

この表から, X と Y のそれぞれの確率分布は, 次の表で与えられる。

X＼Y	1	2	計
1	$\frac{2}{15}$	$\frac{4}{15}$	$\frac{6}{15}$
2	$\frac{4}{15}$	$\frac{5}{15}$	$\frac{9}{15}$
計	$\frac{6}{15}$	$\frac{9}{15}$	1

X	1	2	計
P	$\frac{6}{15}$	$\frac{9}{15}$	1

Y	1	2	計
P	$\frac{6}{15}$	$\frac{9}{15}$	1

2 確率変数の和の期待値

1 2つの確率変数 X, Y について $E(X+Y)=E(X)+E(Y)$

2 3つ以上の確率変数の和の期待値についても, 2つの場合と同様なことが成り立つ。たとえば, 3つの確率変数 X, Y, Z について, 次のことが成り立つ。

$$E(X+Y+Z)=E(X)+E(Y)+E(Z)$$

3 $aX+bY$ の期待値

X, Y を確率変数, a, b を定数とするとき

$$E(aX+bY)=aE(X)+bE(Y)$$

4 確率変数の積の期待値・和の分散

2つの確率変数 X, Y について

$P(X=a,\ Y=b)=P(X=a)\cdot P(Y=b)$ が a, b のとり方に関係なく常に成り立つとき, 確率変数 X, Y は互いに **独立** であるという。

2つの確率変数 X, Y が互いに独立であるとき，次のことが成り立つ。

$$E(XY)=E(X)E(Y) \qquad V(X+Y)=V(X)+V(Y)$$

5　3つ以上の確率変数の独立

3つ以上の確率変数の独立についても，2つの場合と同様に定義する。

たとえば，3つの確率変数 X, Y, Z について

$P(X=a, \ Y=b, \ Z=c)=P(X=a) \cdot P(Y=b) \cdot P(Z=c)$ が a, b, c のとり方に
関係なく常に成り立つとき，確率変数 X, Y, Z は互いに **独立** であるといい，
2つの確率変数の場合と同様に次のことが成り立つ。

$$E(XYZ)=E(X)E(Y)E(Z)$$
$$V(X+Y+Z)=V(X)+V(Y)+V(Z)$$

A 同時分布

練習 10　箱の中に 10 枚のカードが入っていて，そのうち 2 枚には数字 3，8 枚には数字 4 が書いてある。これらのカードをもとにもどさないで 1 枚ずつ 2 回取り出すとき，1 回目のカードの数字を X，2 回目のカードの数字を Y とする。このとき，X と Y の同時分布を求めよ。

指針 **同時分布**　1 回目に取り出したカードはもとにもどさないから，1 回目に取り出すカードによって，2 回目にそれぞれのカードを取り出す確率は変わる。このことに注意して $P(X=3, \ Y=3)$，$P(X=3, \ Y=4)$，$P(X=4, \ Y=3)$，$P(X=4, \ Y=4)$ を計算する。

解答　$P(X=3, \ Y=3)=\dfrac{2}{10} \cdot \dfrac{1}{9}=\dfrac{1}{45}$, $\quad P(X=3, \ Y=4)=\dfrac{2}{10} \cdot \dfrac{8}{9}=\dfrac{8}{45}$

$\qquad P(X=4, \ Y=3)=\dfrac{8}{10} \cdot \dfrac{2}{9}=\dfrac{8}{45}$, $\quad P(X=4, \ Y=4)=\dfrac{8}{10} \cdot \dfrac{7}{9}=\dfrac{28}{45}$

確率変数 X のみに着目すると

$$P(X=3)=\dfrac{1}{45}+\dfrac{8}{45}=\dfrac{9}{45}, \quad P(X=4)=\dfrac{8}{45}+\dfrac{28}{45}=\dfrac{36}{45}$$

確率変数 Y のみに着目すると

$$P(Y=3)=\dfrac{1}{45}+\dfrac{8}{45}=\dfrac{9}{45},$$

$$P(Y=4)=\dfrac{8}{45}+\dfrac{28}{45}=\dfrac{36}{45}$$

よって，X と Y の同時分布は右の表のようになる。　答

X ＼ Y	3	4	計
3	$\dfrac{1}{45}$	$\dfrac{8}{45}$	$\dfrac{9}{45}$
4	$\dfrac{8}{45}$	$\dfrac{28}{45}$	$\dfrac{36}{45}$
計	$\dfrac{9}{45}$	$\dfrac{36}{45}$	1

B 確率変数の和の期待値

練習 11

確率変数 X, Y の確率分布が次の表で与えられているとき，$X+Y$ の期待値を求めよ。

X	1	3	5	計
P	$\frac{1}{3}$	$\frac{1}{3}$	$\frac{1}{3}$	1

Y	2	4	6	計
P	$\frac{1}{3}$	$\frac{1}{3}$	$\frac{1}{3}$	1

指針 **確率変数の和の期待値** $E(X)$, $E(Y)$ をそれぞれ求めることにより，和 $X+Y$ の期待値 $E(X+Y)$ は，$E(X+Y)=E(X)+E(Y)$ で求められる。

解答 X の期待値は $E(X)=1\cdot\frac{1}{3}+3\cdot\frac{1}{3}+5\cdot\frac{1}{3}=\frac{9}{3}=3$

Y の期待値は $E(Y)=2\cdot\frac{1}{3}+4\cdot\frac{1}{3}+6\cdot\frac{1}{3}=\frac{12}{3}=4$

よって，$X+Y$ の期待値は $E(X+Y)=E(X)+E(Y)=3+4=7$ 答

練習 12

3つの確率変数 X, Y, Z の確率分布が，いずれも右の表で与えられるとき，$X+Y+Z$ の期待値を求めよ。

変数	0	1	計
確率	$\frac{1}{2}$	$\frac{1}{2}$	1

指針 **3つの確率変数の和の期待値** X, Y, Z の確率分布は同じであるから，その期待値 $E(X)$, $E(Y)$, $E(Z)$ も同じである。まず，その期待値を求め，$E(X+Y+Z)=E(X)+E(Y)+E(Z)$ を用いる。

解答 X, Y, Z の確率分布が同じであるから

$$E(X)=E(Y)=E(Z)=0\cdot\frac{1}{2}+1\cdot\frac{1}{2}=\frac{1}{2}$$

よって，$X+Y+Z$ の期待値は

$$E(X+Y+Z)=E(X)+E(Y)+E(Z)=\frac{1}{2}+\frac{1}{2}+\frac{1}{2}=\frac{3}{2}$$ 答

C $aX+bY$ の期待値

練習 13

1個のさいころを2回投げて，1回目は出た目の10倍の点，2回目は出た目の5倍の点が得られるとき，得点の期待値を求めよ。

指針 **$aX+bY$ の期待値** さいころを2回投げたとき，1回目に出る目を X，2回目に出る目を Y とすると，得点は $10X+5Y$ で表される。その期待値を，$E(aX+bY)=aE(X)+bE(Y)$ を用いて計算する。

解答 1個のさいころを2回投げたとき，1回目に出た目を X，2回目に出た目を Y とすると，得点は $10X+5Y$ で表される。

X，Y の確率分布は，いずれも次の表のようになる。

変数	1	2	3	4	5	6	計
確率	$\frac{1}{6}$	$\frac{1}{6}$	$\frac{1}{6}$	$\frac{1}{6}$	$\frac{1}{6}$	$\frac{1}{6}$	1

よって，X，Y の期待値は

$$E(X)=E(Y)$$
$$=1\cdot\frac{1}{6}+2\cdot\frac{1}{6}+3\cdot\frac{1}{6}+4\cdot\frac{1}{6}+5\cdot\frac{1}{6}+6\cdot\frac{1}{6}=\frac{21}{6}=\frac{7}{2}$$

したがって，得点 $10X+5Y$ の期待値は

$$E(10X+5Y)=10E(X)+5E(Y)=10\cdot\frac{7}{2}+5\cdot\frac{7}{2}=\frac{105}{2}\quad\text{答}$$

D 独立な2つの確率変数の積の期待値

教 p.66

> 100円硬貨2枚，10円硬貨2枚を同時に投げ，100円硬貨の表の出る枚数を X，10円硬貨の表の出る枚数を Y とする。このとき，2つの確率変数 X，Y は互いに独立であることを確かめてみよう。

指針 **2つの確率変数の独立** X と Y の同時分布を求め，$P(X=a,\ Y=b)=P(X=a)\cdot P(Y=b)$ が成り立っていることを確認する。

解答 4枚の硬貨の表裏の出方は 2^4 通りある。また，100円硬貨のうちで表が出る硬貨の枚数が $a(a=0,\ 1,\ 2)$ となる出方は $_2C_a$ 通り，10円硬貨のうちで表が出る硬貨の枚数が $b(b=0,\ 1,\ 2)$ となる出方は $_2C_b$ 通りであるから

$$P(X=a,\ Y=b)=\frac{_2C_a\times_2C_b}{2^4}\quad\cdots\cdots①$$

となる。①をもとにして同時分布の表を作ると，右のようになる。

X＼Y	0	1	2	計
0	$\frac{1}{16}$	$\frac{1}{8}$	$\frac{1}{16}$	$\frac{1}{4}$
1	$\frac{1}{8}$	$\frac{1}{4}$	$\frac{1}{8}$	$\frac{1}{2}$
2	$\frac{1}{16}$	$\frac{1}{8}$	$\frac{1}{16}$	$\frac{1}{4}$
計	$\frac{1}{4}$	$\frac{1}{2}$	$\frac{1}{4}$	1

この表から，すべての a，b に対して $P(X=a,\ Y=b)=P(X=a)\cdot P(Y=b)$ が成り立っていることがわかる。

したがって，X，Y は互いに独立である。 終

参考 同時分布の表を作らずに，次のように説明することもできる。

①より $P(X=a,\ Y=b)=\frac{_2C_a}{2^2}\times\frac{_2C_b}{2^2}\quad\cdots\cdots②$

ここで，$\frac{_2C_a}{2^2}$ は2枚の100円硬貨のうち表が a 枚出る確率，$\frac{_2C_b}{2^2}$ は2枚の10

円硬貨のうち表が b 枚出る確率を表すから

$$\frac{{}_2C_a}{2^2} \times \frac{{}_2C_b}{2^2} = P(X=a) \cdot P(Y=b) \quad \cdots\cdots ③$$

②, ③より $P(X=a, \ Y=b) = P(X=a) \cdot P(Y=b)$

したがって, X, Y は互いに独立である。

練習 14

教 p.67

2つの確率変数 X, Y が互いに独立で, それぞれの確率分布が右の表で与えられるとき, XY の期待値を求めよ。

X	1	3	計
P	$\frac{2}{3}$	$\frac{1}{3}$	1

Y	2	4	計
P	$\frac{4}{5}$	$\frac{1}{5}$	1

指針 **独立な確率変数の積の期待値** X, Y は互いに独立であるから, まず, $E(X)$, $E(Y)$ を求め, $E(XY)=E(X)E(Y)$ を用いればよい。

解答 $E(X)$, $E(Y)$ をそれぞれ計算すると

$$E(X) = 1 \cdot \frac{2}{3} + 3 \cdot \frac{1}{3} = \frac{5}{3}$$

$$E(Y) = 2 \cdot \frac{4}{5} + 4 \cdot \frac{1}{5} = \frac{12}{5}$$

X, Y が互いに独立であることは必ず述べておくこと。

X, Y は互いに独立であるから, XY の期待値は

$$E(XY) = E(X)E(Y) = \frac{5}{3} \cdot \frac{12}{5} = 4 \quad 答$$

E 独立な2つの確率変数の和の分散

練習 15

教 p.68

教科書の練習 14 の確率変数 X, Y について, 次の値を求めよ。

(1) $X+Y$ の分散　　　　(2) $X+Y$ の標準偏差

指針 **独立な確率変数の和の分散と標準偏差**

(1) X, Y は互いに独立であるから, まず, $V(X)$, $V(Y)$ を求め, $V(X+Y)=V(X)+V(Y)$ を用いればよい。$V(X)$ は, $E(X^2)-\{E(X)\}^2$ を利用して求めるとよい。

(2) $\sigma(X+Y) = \sqrt{V(X+Y)}$ である。

解答 (1) $E(X) = \frac{5}{3}$, $E(Y) = \frac{12}{5}$

また $E(X^2) = 1^2 \cdot \frac{2}{3} + 3^2 \cdot \frac{1}{3} = \frac{11}{3}$, $E(Y^2) = 2^2 \cdot \frac{4}{5} + 4^2 \cdot \frac{1}{5} = \frac{32}{5}$

よって $V(X) = E(X^2) - \{E(X)\}^2 = \frac{11}{3} - \left(\frac{5}{3}\right)^2 = \frac{8}{9}$

$$V(Y)=E(Y^2)-\{E(Y)\}^2=\frac{32}{5}-\left(\frac{12}{5}\right)^2=\frac{16}{25}$$

X, Y は互いに独立であるから，$X+Y$ の分散は

$$V(X+Y)=V(X)+V(Y)=\frac{8}{9}+\frac{16}{25}=\frac{344}{225} \quad \text{答}$$

(2) $X+Y$ の標準偏差は

$$\sigma(X+Y)=\sqrt{V(X+Y)}=\sqrt{\frac{344}{225}}=\frac{2\sqrt{86}}{15} \quad \text{答}$$

F 3つ以上の確率変数の独立

練習 16 教 p.68

大中小3個のさいころを投げるとき，次の値を求めよ。
(1) 出る目の積の期待値　　　(2) 出る目の和の分散

指針 **3つの確率変数の積の期待値・和の分散**　3個のさいころの出る目の数をそれぞれ X, Y, Z とすると，X, Y, Z は互いに独立であるから
$$E(XYZ)=E(X)E(Y)E(Z), \quad V(X+Y+Z)=V(X)+V(Y)+V(Z)$$

解答 大中小3個のさいころの出る目の数をそれぞれ X, Y, Z とする。
それぞれのさいころを投げるという試行は独立であるから，その結果によって定まる確率変数 X, Y, Z は互いに独立である。
X, Y, Z の確率分布はいずれも表のようになる。

目の数	1	2	3	4	5	6	計
確率	$\frac{1}{6}$	$\frac{1}{6}$	$\frac{1}{6}$	$\frac{1}{6}$	$\frac{1}{6}$	$\frac{1}{6}$	1

$$E(X)=E(Y)=E(Z)=\sum_{k=1}^{6}\left(k\cdot\frac{1}{6}\right)=\frac{1}{6}\sum_{k=1}^{6}k=\frac{1}{6}\times\frac{1}{2}\cdot6\cdot7=\frac{7}{2}$$

$$E(X^2)=E(Y^2)=E(Z^2)=\sum_{k=1}^{6}\left(k^2\cdot\frac{1}{6}\right)=\frac{1}{6}\sum_{k=1}^{6}k^2=\frac{1}{6}\times\frac{1}{6}\cdot6\cdot7\cdot13=\frac{91}{6}$$

$$V(X)=E(X^2)-\{E(X)\}^2=\frac{91}{6}-\left(\frac{7}{2}\right)^2=\frac{35}{12}$$

よって，$V(Y)=V(Z)=\dfrac{35}{12}$

(1) X, Y, Z は互いに独立であるから，積 XYZ の期待値は
$$E(XYZ)=E(X)E(Y)E(Z)=\left(\frac{7}{2}\right)^3=\frac{343}{8} \quad \text{答}$$

(2) X, Y, Z は互いに独立であるから，和 $X+Y+Z$ の分散は
$$V(X+Y+Z)=V(X)+V(Y)+V(Z)=\frac{35}{12}\cdot3=\frac{35}{4} \quad \text{答}$$

コラム 確率変数の積の分散

教 p.69

確認
2つの確率変数 X，Y が互いに独立で，それぞれの確率分布が次の表で与えられているとき，$V(XY)$ と $V(X)V(Y)$ をそれぞれ求めてみよう。

X	1	3	計
P	$\frac{2}{3}$	$\frac{1}{3}$	1

Y	2	4	計
P	$\frac{4}{5}$	$\frac{1}{5}$	1

指針 **確率変数の積の分散と分散の積**
前半の XY の分散 $V(XY)$ を求めることがポイントとなる。そのために，まず，X，Y の同時分布を求め，それをもとにして XY の確率分布を求める。

解答 X，Y は互いに独立であるから

$$P(X=1,\ Y=2)=P(X=1)\cdot P(Y=2)=\frac{2}{3}\cdot\frac{4}{5}=\frac{8}{15}$$

$$P(X=1,\ Y=4)=P(X=1)\cdot P(Y=4)=\frac{2}{3}\cdot\frac{1}{5}=\frac{2}{15}$$

$$P(X=3,\ Y=2)=P(X=3)\cdot P(Y=2)=\frac{1}{3}\cdot\frac{4}{5}=\frac{4}{15}$$

$$P(X=3,\ Y=4)=P(X=3)\cdot P(Y=4)=\frac{1}{3}\cdot\frac{1}{5}=\frac{1}{15}$$

よって，X，Y の同時分布は下の表のようになる。

X＼Y	2	4	計
1	$\frac{8}{15}$	$\frac{2}{15}$	$\frac{2}{3}$
3	$\frac{4}{15}$	$\frac{1}{15}$	$\frac{1}{3}$
計	$\frac{4}{5}$	$\frac{1}{5}$	1

したがって，確率変数 XY の確率分布は下の表のようになる。

XY	2	4	6	12	計
P	$\frac{8}{15}$	$\frac{2}{15}$	$\frac{4}{15}$	$\frac{1}{15}$	1

よって

$$E(XY)=2\cdot\frac{8}{15}+4\cdot\frac{2}{15}+6\cdot\frac{4}{15}+12\cdot\frac{1}{15}=\frac{60}{15}=4$$

したがって

$$V(XY) = (2-4)^2 \cdot \frac{8}{15} + (4-4)^2 \cdot \frac{2}{15} + (6-4)^2 \cdot \frac{4}{15} + (12-4)^2 \cdot \frac{1}{15}$$

$$= \frac{32}{15} + 0 + \frac{16}{15} + \frac{64}{15} = \frac{112}{15} \quad \text{答}$$

また $E(X) = 1 \cdot \dfrac{2}{3} + 3 \cdot \dfrac{1}{3} = \dfrac{5}{3}$

よって $V(X) = \left(1 - \dfrac{5}{3}\right)^2 \cdot \dfrac{2}{3} + \left(3 - \dfrac{5}{3}\right)^2 \cdot \dfrac{1}{3} = \dfrac{8}{27} + \dfrac{16}{27} = \dfrac{24}{27} = \dfrac{8}{9}$

さらに $E(Y) = 2 \cdot \dfrac{4}{5} + 4 \cdot \dfrac{1}{5} = \dfrac{12}{5}$

よって $V(Y) = \left(2 - \dfrac{12}{5}\right)^2 \cdot \dfrac{4}{5} + \left(4 - \dfrac{12}{5}\right)^2 \cdot \dfrac{1}{5} = \dfrac{16}{125} + \dfrac{64}{125} = \dfrac{80}{125} = \dfrac{16}{25}$

したがって $V(X)V(Y) = \dfrac{8}{9} \cdot \dfrac{16}{25} = \dfrac{128}{225} \quad \text{答}$

注意 本問の結果からわかるように，一般には，$V(XY) = V(X)V(Y)$ は成り立たない。

補足 $V(X)$, $V(Y)$ は，$V(X) = E(X^2) - \{E(X)\}^2$, $V(Y) = E(Y^2) - \{E(Y)\}^2$ で求めてもよい。

発見 教 p.69

2つの確率変数 X, Y が互いに独立であるとき，

$$V(XY) = E(X^2)E(Y^2) - \{E(X)\}^2 \{E(Y)\}^2 \quad \cdots\cdots ②$$

をさらに変形して，$V(XY)$ を $V(X)$, $V(Y)$, $E(X)$, $E(Y)$ を用いて表してみよう。

指針 **確率変数の積の分散の関係式** $V(X) = E(X^2) - \{E(X)\}^2$ より，
$E(X^2) = V(X) + \{E(X)\}^2$ が成り立つ。同様に，$E(Y^2) = V(Y) + \{E(Y)\}^2$ が成り立つ。これらを②に代入する。

解答 $V(X) = E(X^2) - \{E(X)\}^2$, $V(Y) = E(Y^2) - \{E(Y)\}^2$ であるから
$E(X^2) = V(X) + \{E(X)\}^2$, $E(Y^2) = V(Y) + \{E(Y)\}^2$

この2つの式を②に代入すると

$$\begin{aligned}
V(XY) &= E(X^2)E(Y^2) - \{E(X)\}^2 \{E(Y)\}^2 \\
&= [V(X) + \{E(X)\}^2][V(Y) + \{E(Y)\}^2] - \{E(X)\}^2 \{E(Y)\}^2 \\
&= V(X)V(Y) + V(X)\{E(Y)\}^2 + V(Y)\{E(X)\}^2 \\
&\qquad + \{E(X)\}^2 \{E(Y)\}^2 - \{E(X)\}^2 \{E(Y)\}^2 \\
&= V(X)V(Y) + V(X)\{E(Y)\}^2 + V(Y)\{E(X)\}^2
\end{aligned}$$

したがって

$$V(XY) = V(X)V(Y) + V(X)\{E(Y)\}^2 + V(Y)\{E(X)\}^2 \quad \text{答}$$

> **まとめ**
> 互いに独立な2つの確率変数 X, Y について,
> $V(XY) = V(X)V(Y)$ が成り立つのはどのようなときだろうか。
> 上の発見の結果を利用して, X, Y が満たす条件をまとめてみよう。

指針 $V(XY) = V(X)V(Y)$ **が成り立つ条件**

「発見」で導いた等式において, $V(XY) = V(X)V(Y)$ が成立する条件を考える。

解答 「発見」の結果より, X, Y が互いに独立のとき

$$V(XY) = V(X)V(Y) + V(X)\{E(Y)\}^2 + V(Y)\{E(X)\}^2$$

したがって, $V(XY) = V(X)V(Y)$ が成り立つのは

$$V(X)\{E(Y)\}^2 + V(Y)\{E(X)\}^2 = 0 \quad \cdots\cdots \text{③}$$

のときである。$V(X)\{E(Y)\}^2 \geqq 0$, $V(Y)\{E(X)\}^2 \geqq 0$ であるから,
③が成り立つための条件は

$$V(X)\{E(Y)\}^2 = 0 \text{ かつ } V(Y)\{E(X)\}^2 = 0$$

すなわち, $V(XY) = V(X)V(Y)$ が成り立つための条件は

$$\boldsymbol{V(X)E(Y) = 0 \text{ かつ } V(Y)E(X) = 0} \quad \boxed{答}$$

4 二項分布

まとめ

1 反復試行の確率

1回の試行で事象 A の起こる確率を p とする。この試行を n 回行う反復試行において，A がちょうど r 回起こる確率は

$$_nC_rp^rq^{n-r} \quad ただし, \quad q=1-p$$

2 二項分布

1回の試行で事象 A の起こる確率を p とする。この試行を n 回行う反復試行において，事象 A の起こる回数を X とすると，X は確率変数で，その確率分布は次の表のようになる。(ただし，$q=1-p$)

X	0	1	……	r	……	n	計
P	$_nC_0q^n$	$_nC_1pq^{n-1}$	……	$_nC_rp^rq^{n-r}$	……	$_nC_np^n$	1

この表で与えられる確率分布を **二項分布** といい，$B(n, p)$ で表す。また，確率変数 X は二項分布 $B(n, p)$ に従うという。

3 二項分布に従う確率変数の期待値，分散，標準偏差

確率変数 X が二項分布 $B(n, p)$ に従うとき

期待値は $E(X)=np$

分散は $V(X)=npq$ ただし，$q=1-p$

標準偏差は $\sigma(X)=\sqrt{npq}$

A 二項分布

教 p.71

練習 17 1個のさいころを5回投げて，2以下の目が出る回数を X とする。X はどのような二項分布に従うか。また，次の確率を求めよ。

(1) $P(X=2)$ (2) $P(X=5)$ (3) $P(2\leqq X\leqq 4)$

指針 二項分布と反復試行の確率 反復試行を5回行うので，X は二項分布 $B(5, p)$ に従い，p はさいころを1回投げたときに2以下の目が出る確率である。また，(1)〜(3)は，$P(X=r)=_5C_rp^rq^{5-r}$(ただし，$q=1-p$) を用いて求める。

解答 さいころを投げる試行を5回行い，

1回の試行で2以下の目が出る確率は $\dfrac{2}{6}=\dfrac{1}{3}$

したがって，X は **二項分布 $B\left(5, \dfrac{1}{3}\right)$** に従う。 **答**

また，2以下の目がちょうど r 回出る確率は

$$P(X=r)={}_5\mathrm{C}_r\left(\frac{1}{3}\right)^r\left(1-\frac{1}{3}\right)^{5-r}={}_5\mathrm{C}_r\left(\frac{1}{3}\right)^r\left(\frac{2}{3}\right)^{5-r}$$

(1) $P(X=2)={}_5\mathrm{C}_2\left(\frac{1}{3}\right)^2\left(\frac{2}{3}\right)^3=10\cdot\frac{8}{243}=\dfrac{80}{243}$　答

(2) $P(X=5)={}_5\mathrm{C}_5\left(\frac{1}{3}\right)^5=1\cdot\frac{1}{243}=\dfrac{1}{243}$　答

反復試行の確率
は数学 A で学習
したね。

(3) $P(2\leqq X\leqq4)=P(X=2)+P(X=3)+P(X=4)$

$$=\frac{80}{243}+{}_5\mathrm{C}_3\left(\frac{1}{3}\right)^3\left(\frac{2}{3}\right)^2+{}_5\mathrm{C}_4\left(\frac{1}{3}\right)^4\left(\frac{2}{3}\right)^1$$

$$=\frac{80}{243}+\frac{40}{243}+\frac{10}{243}=\dfrac{130}{243}$$　答

B 二項分布に従う確率変数の期待値と分散

教 p.71

深める 確率変数 X が二項分布 $B(3,\ p)$ に従うとき，X の期待値と分散を，それぞれ定義にもとづいて計算して求めてみよう。

指針 **二項分布に従う確率変数の期待値と分散**
確率分布を求め，定義に従って，$E(X)$，$V(X)$ を計算する。$V(X)$ の計算では，$V(X)=E(X^2)-\{E(X)\}^2$ を用いるとよい。

解答 $q=1-p$ とすると，
$P(X=k)={}_3\mathrm{C}_k p^k q^{3-k}$ であり，X の
確率分布は右の表のようになる。

X	0	1	2	3	計
P	q^3	$3pq^2$	$3p^2q$	p^3	1

X の期待値は
$$\begin{aligned}E(X)&=0\cdot q^3+1\cdot3pq^2+2\cdot3p^2q+3p^3\\&=3pq^2+6p^2q+3p^3\\&=3p(p^2+2pq+q^2)\\&=3p(p+q)^2=\mathbf{3p}\end{aligned}$$　答

また
$$\begin{aligned}E(X^2)&=0^2\cdot q^3+1^2\cdot3pq^2+2^2\cdot3p^2q+3^2\cdot p^3\\&=3pq^2+12p^2q+9p^3=3p(q^2+4pq+3p^2)\\&=3p(q+p)(q+3p)=3p(3p+q)\end{aligned}$$

X の分散は
$$\begin{aligned}V(X)&=E(X^2)-\{E(X)\}^2\\&=3p(3p+q)-(3p)^2\\&=3p\{(3p+q)-3p\}=3pq=\mathbf{3p(1-p)}\end{aligned}$$　答

補足 上の 解答 では，計算の簡略化と $V(X)$ の計算結果が教科書 p.71 の結果と同じであることを示す目的で，$q=1-p$ として計算を進めているが，おき換えずに，$1-p$ のままで計算しても構わない。

練習 18

教 p.72

確率変数 X が二項分布 $B\left(9, \dfrac{1}{2}\right)$ に従うとき，X の期待値，分散および標準偏差を求めよ。

指針 **二項分布と期待値，分散，標準偏差** X が二項分布 $B(n, p)$ に従うとき

期待値は $E(X)=np$

分散は $V(X)=np(1-p)$ 標準偏差は $\sigma(X)=\sqrt{V(X)}$

解答 確率変数 X は二項分布 $B\left(9, \dfrac{1}{2}\right)$ に従うから

X の期待値は $E(X)=9\cdot\dfrac{1}{2}=\dfrac{9}{2}$

X の分散は $V(X)=9\cdot\dfrac{1}{2}\cdot\left(1-\dfrac{1}{2}\right)=\dfrac{9}{4}$

X の標準偏差は $\sigma(X)=\sqrt{V(X)}=\sqrt{\dfrac{9}{4}}=\dfrac{3}{2}$

答 期待値 $\dfrac{9}{2}$，分散 $\dfrac{9}{4}$，標準偏差 $\dfrac{3}{2}$

練習 19

教 p.72

1 枚の硬貨を 100 回投げて，表の出る回数を X とする。X の期待値と分散および標準偏差を求めよ。

指針 **二項分布と期待値，分散，標準偏差** X は二項分布に従う。$B(n, p)$ の n と p の値を求めて，$E(X)=np$，$V(X)=np(1-p)$，$\sigma(X)=\sqrt{V(X)}$ を計算する。

解答 硬貨を 1 回投げて表の出る確率 p は $p=\dfrac{1}{2}$

よって，X は二項分布 $B\left(100, \dfrac{1}{2}\right)$ に従うから

X の期待値は $E(X)=100\cdot\dfrac{1}{2}=50$

X の分散は $V(X)=100\cdot\dfrac{1}{2}\cdot\left(1-\dfrac{1}{2}\right)=25$

X の標準偏差は $\sigma(X)=\sqrt{V(X)}=\sqrt{25}=5$

答 期待値 50，分散 25，標準偏差 5

5 正規分布

1 確率密度関数と分布曲線

連続した値をとる確率変数 X を **連続型確率変数** という。連続型確率変数 X の確率分布を考える場合は，X に1つの曲線 $y=f(x)$ を対応させ，確率 $P(a \leqq X \leqq b)$ が図の斜線部分の面積で表されるようにする。

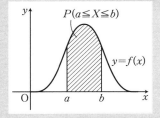

この曲線 $y=f(x)$ を，X の **分布曲線** といい，関数 $f(x)$ を **確率密度関数** という。

2 確率密度関数の性質

確率密度関数 $f(x)$ は，次のような性質をもつ。

1 常に $f(x) \geqq 0$

2 確率 $P(a \leqq X \leqq b)$ は，曲線 $y=f(x)$ と x 軸，2直線 $x=a$，$x=b$ で囲まれた部分の面積に等しい。

すなわち $$P(a \leqq X \leqq b) = \int_a^b f(x)dx$$

3 X のとる値の範囲が $\alpha \leqq X \leqq \beta$ のとき $\displaystyle\int_\alpha^\beta f(x)\,dx = 1$

3 正規分布

m を実数，σ を正の実数とする。このとき，関数 $f(x) = \dfrac{1}{\sqrt{2\pi}\,\sigma} e^{-\frac{(x-m)^2}{2\sigma^2}}$ を確率密度関数とするような

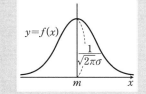

連続型確率変数 X は **正規分布 $N(m,\ \sigma^2)$ に従う**という。ここで e は無理数の定数で，$e=2.71828\cdots$ である。曲線 $y=f(x)$ を **正規分布曲線** という。

4 正規分布に従う確率変数の期待値，標準偏差

確率変数 X が正規分布 $N(m,\ \sigma^2)$ に従うとき

期待値は $E(X)=m$

標準偏差は $\sigma(X)=\sigma$

5 正規分布曲線の性質

確率変数 X が正規分布 $N(m, \sigma^2)$ に従うとき，X の分布曲線 $y=f(x)$ は，次のような性質をもつ。

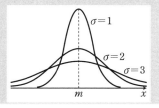

1 直線 $x=m$ に関して対称であり，y は $x=m$ で最大値をとる。

2章

[2] *x* 軸を漸近線とし，*x* 軸と分布曲線の間の面積は 1 である。

[3] 標準偏差 σ が大きくなると曲線の山は低くなって横に広がる。

σ が小さくなると曲線の山は高くなって，直線 $x=m$ の周りに集まる。

6 正規分布と標準正規分布

確率変数 X が正規分布 $N(m,\ \sigma^2)$ に従うとき，$Z=\dfrac{X-m}{\sigma}$ とおくと，確率変数 Z は，正規分布 $N(0,\ 1)$ に従い，Z の期待値は 0，標準偏差は 1 である。正規分布 $N(0,\ 1)$ を **標準正規分布** という。

注意 Z の確率密度関数は，$f(z)=\dfrac{1}{\sqrt{2\pi}}e^{-\frac{z^2}{2}}$ となる。

7 標準正規分布と正規分布表

標準正規分布 $N(0,\ 1)$ に従う確率変数 Z に対し，確率 $P(0\leqq Z\leqq u)$ を $p(u)$ で表す。$p(u)$ は右の図の斜線部分の面積に等しく，正規分布表には，いろいろな u の値に対する $p(u)$ の値が示されている。

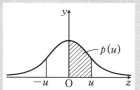

$N(0,\ 1)$ に従う確率変数
Z の分布曲線 $\left(y=\dfrac{1}{\sqrt{2\pi}}e^{-\frac{z^2}{2}}\right)$

正規分布表を用いて確率を求める際には，とくに次のことが成り立つことに注意する。

$$P(-u\leqq Z\leqq 0)=P(0\leqq Z\leqq u)$$
$$=p(u)\qquad (u>0)$$
$$P(Z\leqq 0)=P(Z\geqq 0)=0.5$$

8 正規分布の応用

確率変数 X が正規分布 $N(m,\ \sigma^2)$ に従うときは，$Z=\dfrac{X-m}{\sigma}$ とおき，X についての条件を標準正規分布 $N(0,\ 1)$ に従う確率変数 Z の条件に帰着させることにより，正規分布表を用いて確率を求めることができる。

9 二項分布の正規分布による近似

一般に，次のことが成り立つ。ただし，いずれの場合も $q=1-p$ とする。

[1] 二項分布 $B(n,\ p)$ に従う確率変数 X は，n が大きいとき，近似的に正規分布 $N(np,\ npq)$ に従う。

[2] 二項分布 $B(n,\ p)$ に従う確率変数 X に対し，$Z=\dfrac{X-np}{\sqrt{npq}}$ は，n が大きいとき，近似的に標準正規分布 $N(0,\ 1)$ に従う。

A 連続した値をとる確率変数

練習 20

確率変数 X の確率密度関数 $f(x)$ が次の式で与えられるとき，指定された確率をそれぞれ求めよ。

(1) $f(x)=x$ $(0 \leqq x \leqq \sqrt{2})$　　　　$0 \leqq X \leqq 0.5$ である確率

(2) $f(x)=0.5x$ $(0 \leqq x \leqq 2)$　　　　$1 \leqq X \leqq 2$ である確率

指針 **確率密度関数**　連続型確率変数 X の確率密度関数が $f(x)$ であるとき，確率 $P(a \leqq X \leqq b)$ は，曲線 $y=f(x)$ と x 軸，2 直線 $x=a$，$x=b$ が囲む部分の面積に等しい。

(1) 直線 $y=x$ と x 軸，直線 $x=0.5$ が囲む部分の面積に等しい。

(2) 直線 $y=0.5x$ と x 軸，2 直線 $x=1$，$x=2$ が囲む部分の面積に等しい。

解答 (1)　下の図 1 より　$P(0 \leqq X \leqq 0.5)=\dfrac{1}{2} \times 0.5 \times 0.5=\textbf{0.125}$　圏

(2)　下の図 2 より　$P(1 \leqq X \leqq 2)=1-\dfrac{1}{2} \times 1 \times 0.5$　　←（全体）−（小さい三角形）

$$=1-0.25=\textbf{0.75}$$　圏

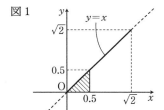
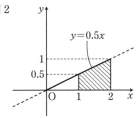

図 1　　　　　　　　　　　　　図 2

注意　図 1 の 1 辺が $\sqrt{2}$ の直角二等辺三角形，図 2 の底辺が 2，高さ 1 の直角三角形について，面積はどちらも 1 になっていることに注意する。

参考　X の確率密度関数が $f(x)$ であるとき，$P(a \leqq X \leqq b)=\displaystyle\int_a^b f(x)dx$ であるから，次のように，定積分の計算によって確率を求めてもよい。

別解 (1)　$P(0 \leqq X \leqq 0.5)=\displaystyle\int_0^{0.5} x\,dx=\left[\dfrac{x^2}{2}\right]_0^{0.5}=\textbf{0.125}$　圏

(2)　$P(1 \leqq X \leqq 2)=\displaystyle\int_1^2 0.5x\,dx=0.5\displaystyle\int_1^2 x\,dx=0.5\left[\dfrac{x^2}{2}\right]_1^2$

$$=0.5\left(\dfrac{2^2}{2}-\dfrac{1^2}{2}\right)=\textbf{0.75}$$　圏

B 正規分布　C 標準正規分布

練習
21

教 p.78

正規分布 $N(m,\ \sigma^2)$ に従う確率変数 X について，$Z=\dfrac{X-2}{3}$ が標準

正規分布 $N(0,\ 1)$ に従うとき，m，σ の値を求めよ。

指針 **正規分布と標準正規分布**　X が正規分布 $N(m,\ \sigma^2)$ に従うとき，

$Z=\dfrac{X-m}{\sigma}$ とおくと，Z は標準正規分布 $N(0,\ 1)$ に従う。このことから m，

σ の値を求める。

解答　$m=2$，$\sigma=3$　圏

練習
22

教 p.79

確率変数 Z が標準正規分布 $N(0,\ 1)$ に従うとき，次の確率を求めよ。
(1)　$P(-2\leqq Z\leqq 2)$　　　　　　　(2)　$P(1\leqq Z\leqq 2)$

指針 **標準正規分布と正規分布表**

まず，求める確率を $P(0\leqq Z\leqq a)$ の形の和や差で表し，次に，正規分布表を
用いて必要な値を求める。

解答　(1)　$P(-2\leqq Z\leqq 2)=P(-2\leqq Z\leqq 0)+P(0\leqq Z\leqq 2)$

$\qquad\qquad\qquad\qquad =P(0\leqq Z\leqq 2)+P(0\leqq Z\leqq 2)$

$\qquad\qquad\qquad\qquad =2P(0\leqq Z\leqq 2)$

$\qquad\qquad\qquad\qquad =2p(2)=2\times 0.4772$

$\qquad\qquad\qquad\qquad =\mathbf{0.9544}$　圏

$\qquad$(2)　$P(1\leqq Z\leqq 2)=P(0\leqq Z\leqq 2)-P(0\leqq Z\leqq 1)$

$\qquad\qquad\qquad\qquad =p(2)-p(1)=0.4772-0.3413$

$\qquad\qquad\qquad\qquad =\mathbf{0.1359}$　圏

練習
23

教 p.80

確率変数 X が正規分布 $N(2,\ 5^2)$ に従うとき，次の確率を求めよ。
(1)　$P(2\leqq X\leqq 12)$　　　　　　　(2)　$P(0\leqq X\leqq 5)$

指針 **一般の正規分布と正規分布表**　確率変数 X が正規分布 $N(m,\ \sigma^2)$ に従うとき，
確率 $P(a\leqq X\leqq b)$ を求めるには，次のようにする。

[1]　$Z=\dfrac{X-m}{\sigma}$ とおくと，Z は標準正規分布 $N(0,\ 1)$ に従う。

$\quad$ ここで，$X=a$，b のときの Z の値をそれぞれ α，β とすれば，

$\quad\alpha=\dfrac{a-m}{\sigma}$，$\beta=\dfrac{b-m}{\sigma}$ であり，

$\quad P(a\leqq X\leqq b)=P(\alpha\leqq Z\leqq \beta)$ が成り立つ。

[2] Z は標準正規分布 $N(0, 1)$ に従うから, 正規分布表を用いて $P(\alpha \leqq Z \leqq \beta)$, すなわち, $P(a \leqq X \leqq b)$ を求めることができる。

解答 $Z = \dfrac{X-2}{5}$ とおくと, Z は標準正規分布 $N(0, 1)$ に従う。

(1) $X=2$ のとき $Z = \dfrac{2-2}{5} = 0$

$\quad\;\; X=12$ のとき $Z = \dfrac{12-2}{5} = 2$

よって $P(2 \leqq X \leqq 12) = P(0 \leqq Z \leqq 2) = p(2) = \mathbf{0.4772}$ 答

(2) $X=0$ のとき $Z = \dfrac{0-2}{5} = -0.4$

$\quad\;\; X=5$ のとき $Z = \dfrac{5-2}{5} = 0.6$

よって $P(0 \leqq X \leqq 5) = P(-0.4 \leqq Z \leqq 0.6)$
$\qquad\qquad\qquad\quad\, = P(-0.4 \leqq Z \leqq 0) + P(0 \leqq Z \leqq 0.6)$
$\qquad\qquad\qquad\quad\, = P(0 \leqq Z \leqq 0.4) + P(0 \leqq Z \leqq 0.6) = p(0.4) + p(0.6)$
$\qquad\qquad\qquad\quad\, = 0.1554 + 0.2257 = \mathbf{0.3811}$ 答

D 正規分布の応用

教 p.81

練習 24

教科書の応用例題 2 の県における高校 2 年生の男子を考えるとき, 次の問いに答えよ。ただし, 小数第 2 位を四捨五入して小数第 1 位まで求めよ。

(1) 身長 180 cm 以上の人は, 約何 % いるか。

(2) 高い方から 3 % 以内の位置にいる人の身長は何 cm 以上か。

(3) 身長が 165 cm 以上 170 cm 以下の人は, 約何 % いるか。

指針 **正規分布の応用** 身長 X cm に対して, (1)は $P(X \geqq 180)$, (2)は $P(X \geqq a) = 0.03$ となる a の値, (3)は $P(165 \leqq X \leqq 170)$ をそれぞれ求める。$Z = \dfrac{X-170.5}{5.4}$ とおいて, 標準正規分布 $N(0, 1)$ に従う確率変数 Z に変換して, 正規分布表を利用して考える。

解答 身長を X cm とする。確率変数 X が正規分布 $N(170.5, 5.4^2)$ に従うとき, $Z = \dfrac{X-170.5}{5.4}$ は標準正規分布 $N(0, 1)$ に従う。

(1) $X=180$ のとき

$\quad Z = \dfrac{180-170.5}{5.4} \fallingdotseq 1.76$ であるから

$\quad P(X \geqq 180) = P(Z \geqq 1.76)$

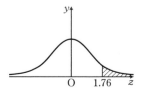

$$=0.5-P(0\leqq Z\leqq 1.76)$$
$$=0.5-p(1.76)$$
$$=0.5-0.4608=0.0392$$

よって，約 **3.9 %** いる。 答

(2) 高い方から 3 % 以内の位置にいる
人の身長を a cm 以上とし，

$$u=\frac{a-170.5}{5.4}\text{ とすると}$$

$$P(Z\geqq u)=P(X\geqq a)=0.03$$

よって，$0.5-P(0\leqq Z\leqq u)=0.03$

すなわち $0.5-p(u)=0.03$ より

$$p(u)=0.47$$

正規分布表より $u \fallingdotseq 1.88$

$\dfrac{a-170.5}{5.4}\fallingdotseq 1.88$ より $a\fallingdotseq 1.88\times 5.4+170.5=180.652$

したがって **180.7 cm 以上** 答

(3) $X=165$ のとき

$$Z=\frac{165-170.5}{5.4}\fallingdotseq -1.02$$

$X=170$ のとき

$$Z=\frac{170-170.5}{5.4}\fallingdotseq -0.09$$

よって $P(165\leqq X\leqq 170)$

$$=P(-1.02\leqq Z\leqq -0.09)=P(0.09\leqq Z\leqq 1.02)$$
$$=P(0\leqq Z\leqq 1.02)-P(0\leqq Z\leqq 0.09)$$
$$=p(1.02)-p(0.09)=0.3461-0.0359=0.3102$$

したがって，約 **31.0 %** いる。 答

E 二項分布の正規分布による近似

教 p.82

練習 25　1 個のさいころを 180 回投げて，1 の目が出る回数を X とするとき，$20\leqq X\leqq 45$ となる確率を，教科書の例題 4 にならって求めよ。

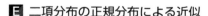

指針　二項分布の正規分布による近似　X が二項分布 $B(n,\ p)$ に従うとき，$m=np$，$\sigma^2=np(1-p)$ で，X は近似的に正規分布 $N(m,\ \sigma^2)$ に従う。よって，$Z=\dfrac{X-m}{\sigma}$ とおけば，Z は標準正規分布 $N(0,\ 1)$ に従うとみなせるから，X に関する条件を Z に関する条件に変換して確率を求めることができる。

解答 1の目が出る確率は $\frac{1}{6}$ で，X は二項分布 $B\left(180,\ \frac{1}{6}\right)$ に従う。

X の期待値 m と標準偏差 σ は

$$m=180\cdot\frac{1}{6}=30, \quad \sigma=\sqrt{180\cdot\frac{1}{6}\cdot\frac{5}{6}}=5$$

よって，$Z=\dfrac{X-30}{5}$ は近似的に標準正規分布 $N(0,\ 1)$ に従う。

$X=20$ のとき $Z=\dfrac{20-30}{5}=-2$

$X=45$ のとき $Z=\dfrac{45-30}{5}=3$

であるから，求める確率は

$$\begin{aligned}P(20\leqq X\leqq45)&=P(-2\leqq Z\leqq3)=P(-2\leqq Z\leqq0)+P(0\leqq Z\leqq3)\\&=P(0\leqq Z\leqq2)+P(0\leqq Z\leqq3)=p(2)+p(3)\\&=0.4772+0.49865=\mathbf{0.97585}\quad 答\end{aligned}$$

コラム 偏差値

教 p.84

練習 得点 X が平均 m，標準偏差 σ の正規分布に従うとみなすとき，

$$T=10\times\frac{X-m}{\sigma}+50 \quad\cdots\cdots\ ①$$

で得られる偏差値 T の平均 (期待値) は 50，標準偏差は 10 であることを確かめてみよう。

指針 **偏差値の平均，標準偏差** X は正規分布 $N(m,\ \sigma^2)$ に従うから，$E(X)=m$，$\sigma(X)=\sigma$ である。これより，確率変数 X に対し，$E(aX+b)=aE(X)+b$，$\sigma(aX+b)=|a|\sigma(X)$ が成り立つことを利用する。

解答 $T=10\times\dfrac{X-m}{\sigma}+50=\dfrac{10}{\sigma}\cdot X-\dfrac{10m}{\sigma}+50$

X は正規分布 $N(m,\ \sigma^2)$ に従うから $E(X)=m$，$\sigma(X)=\sigma$
よって，偏差値 T の平均，すなわち期待値は

$$E(T)=E\left(\frac{10}{\sigma}\cdot X-\frac{10m}{\sigma}+50\right)=\frac{10}{\sigma}E(X)-\frac{10m}{\sigma}+50$$
$$=\frac{10}{\sigma}\cdot m-\frac{10m}{\sigma}+50=50$$

また，偏差値 T の標準偏差は

$$\sigma(T)=\sigma\left(\frac{10}{\sigma}\cdot X-\frac{10m}{\sigma}+50\right)=\left|\frac{10}{\sigma}\right|\sigma(X)=\frac{10}{\sigma}\cdot\sigma=10\quad 終$$

練習 次の文章のうち，正しいものをすべて選ぼう。
① 100点満点の試験の偏差値は100を超えることもある。
② 100点満点の試験の偏差値は負の数になることはない。
③ ある人の異なる2つの試験の結果について，得点の高い方が偏差値も高い。

指針 **偏差値の性質の正誤判定** たとえば，①については，多くの受験者の得点が低い得点に集中している場合に1人だけ高得点の者がいるというような極端なモデルを設定し，高得点の者の偏差値がどうなるかを考えて正誤の見当をつける。②についても，①とは逆の形の極端なモデルを考えるとよい。③については，試験のモデルを2つ設定して考える。

解答 ① たとえば，54人が受験した100点満点のテストで，100点が1人，40点が51人，10点が2人のとき，平均点をm点，標準偏差をσ点とすれば

$$m = \frac{1 \cdot 100 + 51 \cdot 40 + 2 \cdot 10}{54} = \frac{2160}{54} = 40$$

また $\sigma^2 = \dfrac{1 \cdot (100-40)^2 + 51 \cdot (40-40)^2 + 2 \cdot (10-40)^2}{54} = \dfrac{5400}{54} = 100$

より $\sigma = 10$ このとき，100点の人の偏差値は $10 \times \dfrac{100-40}{10} + 50 = 110$

したがって，偏差値が100を超えることもある。

② たとえば，54人が受験した100点満点のテストで，90点が2人，60点が51人，0点が1人のとき，平均点をm点，標準偏差をσ点とすれば

$$m = \frac{2 \cdot 90 + 51 \cdot 60 + 1 \cdot 0}{54} = \frac{3240}{54} = 60$$

また $\sigma^2 = \dfrac{2 \cdot (90-60)^2 + 51 \cdot (60-60)^2 + 1 \cdot (0-60)^2}{54} = \dfrac{5400}{54} = 100$

より $\sigma = 10$ このとき，0点の人の偏差値は $10 \times \dfrac{0-60}{10} + 50 = -10$

したがって，偏差値が負の数になることがある。

③ 平均点と標準偏差がそれぞれ①，②で設定したものと同じであるテストを①′，②′とする。たとえば，ある人が①′のテストで80点，②′のテストで90点取ったとする。このとき，①′のテストの偏差値は

$$10 \times \frac{80-40}{10} + 50 = 90$$

また，②′のテストの偏差値は $10 \times \dfrac{90-60}{10} + 50 = 80$

したがって，得点の高い方が偏差値も高いとは限らない。
以上により，正しいものは ① 答

第2章 第1節 / 問 題

教 p.85

1 番号1の札が3枚, 番号2の札が4枚, 番号3の札が5枚入った箱から札を1枚取り出し, その札の番号を X とする。X の期待値, 分散, および標準偏差を求めよ。

指針 **確率変数の期待値, 分散, 標準偏差** X の確率分布の表を作り, $E(X)$ をまず求める。次に, 分散を $V(X) = E(X^2) - \{E(X)\}^2$ を用いて求める。

解答 X のとりうる値は 1, 2, 3 で, X の確率
分布は右の表のようになる。

X	1	2	3	計
P	$\dfrac{3}{12}$	$\dfrac{4}{12}$	$\dfrac{5}{12}$	1

X の期待値は

$$E(X) = 1 \cdot \frac{3}{12} + 2 \cdot \frac{4}{12} + 3 \cdot \frac{5}{12} = \frac{26}{12} = \frac{13}{6}$$

また $\quad E(X^2) = 1^2 \cdot \frac{3}{12} + 2^2 \cdot \frac{4}{12} + 3^2 \cdot \frac{5}{12} = \frac{64}{12} = \frac{16}{3}$

であるから, X の分散は

$$V(X) = E(X^2) - \{E(X)\}^2$$
$$= \frac{16}{3} - \left(\frac{13}{6}\right)^2 = \frac{23}{36}$$

X の標準偏差は

$$\sigma(X) = \sqrt{V(X)} = \sqrt{\frac{23}{36}} = \frac{\sqrt{23}}{6}$$

答 期待値 $\dfrac{13}{6}$, 分散 $\dfrac{23}{36}$, 標準偏差 $\dfrac{\sqrt{23}}{6}$

教 p.85

2 確率変数 X の期待値を m, 標準偏差を σ とする。$Y = \dfrac{X-m}{\sigma}$ とおくとき, 確率変数 Y の期待値と標準偏差を求めよ。

指針 **$aX+b$ の期待値と標準偏差** X を確率変数, a, b を定数とするとき
$$E(aX+b) = aE(X) + b$$
$$\sigma(aX+b) = |a|\sigma(X)$$

解答 X の期待値は $\quad E(X) = m$
X の標準偏差は $\quad \sigma(X) = \sigma$
Y の期待値は

$$E(Y) = E\left(\frac{X-m}{\sigma}\right) = E\left(\frac{1}{\sigma}X - \frac{m}{\sigma}\right)$$

$$=\frac{1}{\sigma}E(X)-\frac{m}{\sigma}=\frac{m}{\sigma}-\frac{m}{\sigma}=0$$

Y の標準偏差は

$$\sigma(Y)=\sigma\left(\frac{X-m}{\sigma}\right)=\sigma\left(\frac{1}{\sigma}X-\frac{m}{\sigma}\right)$$

$$=\left|\frac{1}{\sigma}\right|\cdot\sigma(X)=\frac{1}{\sigma}\cdot\sigma=1$$

答 期待値 0，標準偏差 1

教 p.85

3　互いに独立な確率変数 X と Y の確率分布が次の表で与えられていると
き，和 $X+Y$ の期待値と分散および標準偏差を求めよ。

X	0	1	2	計
P	$\frac{1}{10}$	$\frac{4}{10}$	$\frac{5}{10}$	1

Y	0	1	2	計
P	$\frac{3}{10}$	$\frac{6}{10}$	$\frac{1}{10}$	1

指針　**確率変数の和の期待値，分散，標準偏差**　次のことを用いる。

$$E(X+Y)=E(X)+E(Y)$$
$$V(X+Y)=V(X)+V(Y)\quad(X,\ Y は互いに独立)$$
$$\sigma(X+Y)=\sqrt{V(X+Y)}$$

解答　$X,\ Y$ の期待値は

$$E(X)=0\cdot\frac{1}{10}+1\cdot\frac{4}{10}+2\cdot\frac{5}{10}=\frac{14}{10}=\frac{7}{5}$$

$$E(Y)=0\cdot\frac{3}{10}+1\cdot\frac{6}{10}+2\cdot\frac{1}{10}=\frac{8}{10}=\frac{4}{5}$$

まずは $E(X)$，$E(Y)$ を求めよう。

よって，$X+Y$ の期待値は

$$E(X+Y)=E(X)+E(Y)=\frac{7}{5}+\frac{4}{5}=\frac{11}{5}$$

また，$E(X^2)=0^2\cdot\frac{1}{10}+1^2\cdot\frac{4}{10}+2^2\cdot\frac{5}{10}=\frac{24}{10}=\frac{12}{5}$ であるから

$$V(X)=E(X^2)-\{E(X)\}^2=\frac{12}{5}-\left(\frac{7}{5}\right)^2=\frac{11}{25}$$

$E(Y^2)=0^2\cdot\frac{3}{10}+1^2\cdot\frac{6}{10}+2^2\cdot\frac{1}{10}=1$ であるから

$$V(Y)=E(Y^2)-\{E(Y)\}^2=1-\left(\frac{4}{5}\right)^2=\frac{9}{25}$$

$X,\ Y$ は互いに独立であるから，$X+Y$ の分散は

$$V(X+Y)=V(X)+V(Y)=\frac{11}{25}+\frac{9}{25}=\frac{20}{25}=\frac{4}{5}$$

また，$X+Y$ の標準偏差は

2章 統計的な推測

$$\sigma(X+Y)=\sqrt{V(X+Y)}=\sqrt{\frac{4}{5}}=\frac{2\sqrt{5}}{5}$$

答 期待値 $\dfrac{11}{5}$，分散 $\dfrac{4}{5}$，標準偏差 $\dfrac{2\sqrt{5}}{5}$

教 p.85

4 ある製品が不良品である確率は 0.01 であるという。この製品 1000 個の中の不良品の個数を X とするとき，X の期待値と分散および標準偏差を求めよ。

指針 **二項分布の期待値，分散の応用** 製品を 1 個取り出すという試行を 1000 回繰り返したときに，不良品を取り出す回数を X と考える。このとき，X は二項分布に従う。確率変数 X が二項分布 $B(n,\ p)$ に従うとき，$E(X)=np,\ V(X)=np(1-p)$ であることを用いる。

解答 製品を 1 個取り出すという試行で，不良品を取り出すという事象を A とすると，A の起こる確率は $0.01=\dfrac{1}{100}$ である。

製品 1000 個の中の不良品の個数 X は，この試行を 1000 回繰り返す反復試行において，A が起こる回数と考えられるので，X は二項分布 $B\left(1000,\ \dfrac{1}{100}\right)$ に従う。

X の期待値は $\qquad E(X)=1000\cdot\dfrac{1}{100}=10$

X の分散は $\qquad V(X)=1000\cdot\dfrac{1}{100}\cdot\left(1-\dfrac{1}{100}\right)=1000\cdot\dfrac{1}{100}\cdot\dfrac{99}{100}=\dfrac{99}{10}$

X の標準偏差は $\qquad \sigma(X)=\sqrt{V(X)}=\sqrt{\dfrac{99}{10}}=\dfrac{3\sqrt{110}}{10}$

答 期待値 10，分散 $\dfrac{99}{10}$，標準偏差 $\dfrac{3\sqrt{110}}{10}$

教 p.85

5 1 枚の硬貨を 400 回投げるとき，表の出る回数 X が $\left|\dfrac{X}{400}-\dfrac{1}{2}\right|\leqq 0.05$ の範囲にある確率を，正規分布表を用いて求めよ。

指針 **二項分布の正規分布による近似** 二項分布 $B(n,\ p)$ に従う確率変数 X の期待値 m，標準偏差 σ は，$m=np,\ \sigma=\sqrt{np(1-p)}$ であり，$Z=\dfrac{X-m}{\sigma}$ は近似的に標準正規分布 $N(0,\ 1)$ に従う。

解答 1 枚の硬貨を 1 回投げて表の出る確率は $\dfrac{1}{2}$ であるから，X は二項分布

$B\left(400,\ \dfrac{1}{2}\right)$ に従う。

X の期待値は $m = 400 \cdot \dfrac{1}{2} = 200$

X の標準偏差は $\sigma = \sqrt{400 \cdot \dfrac{1}{2} \cdot \left(1 - \dfrac{1}{2}\right)} = 10$

よって，$Z = \dfrac{X - 200}{10}$ は近似的に標準正規分布 $N(0,\ 1)$ に従う。

ここで $\dfrac{X}{400} - \dfrac{1}{2} = \dfrac{10Z + 200}{400} - \dfrac{1}{2} = \dfrac{Z}{40}$ ← $X = 10Z + 200$

したがって

$$P\left(\left|\dfrac{X}{400} - \dfrac{1}{2}\right| \leqq 0.05\right) = P\left(\dfrac{|Z|}{40} \leqq 0.05\right) = P(|Z| \leqq 2)$$
$$= P(-2 \leqq Z \leqq 2) = 2P(0 \leqq Z \leqq 2) = 2p(2)$$
$$= 2 \times 0.4772 = \mathbf{0.9544} \quad 答$$

教 p.85

6 確率変数 X のとる値の範囲が $0 \leqq X \leqq 2$ で，その確率密度関数 $f(x)$ が次の式で与えられている。ただし，a は正の定数とする。

$$f(x) = \begin{cases} ax & (0 \leqq x \leqq 1) \\ a(2-x) & (1 \leqq x \leqq 2) \end{cases}$$

(1) a の値を求めよ。
(2) $P(0.5 \leqq X \leqq 1.5)$ を求めよ。

指針 確率密度関数

(1) 分布曲線（本問の場合は折れ線）$y = f(x)$ と x 軸が囲む部分の面積が 1 になることから a の値が定まる。

(2) $y = f(x)$ と x 軸，2 直線 $x = 0.5$，$x = 1.5$ が囲む部分の面積を求めればよい。

解答 $y = f(x)$ のグラフを図示すれば，右図のようになる。

(1) $y = f(x)$ のグラフと x 軸で囲まれた部分の面積が 1 であるから

$\dfrac{1}{2} \times 2 \times a = 1$ より $\boldsymbol{a = 1}$ 答

(2) (1)より，$a = 1$ であるから，$P(0.5 \leqq X \leqq 1.5)$ は，右の図の影の部分の面積に等しい。よって，全体の面積 1 から斜線部分の 2 つの直角二等辺三角形の面積の和を引けば

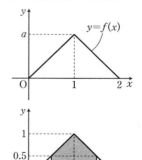

$$P(0.5 \leqq X \leqq 1.5)$$

$$= 1 - 2 \times \left(\frac{1}{2} \times 0.5^2 \right) = \mathbf{0.75} \quad 答$$

グラフをかいて
対称性に注目しよう。

別解 (1) $\displaystyle\int_0^2 f(x)dx = \int_0^1 ax\, dx + \int_1^2 a(2-x)dx$

$$= a\left[\frac{x^2}{2} \right]_0^1 + a\left[2x - \frac{x^2}{2} \right]_1^2 = \frac{a}{2} + \frac{a}{2} = a$$

この値が 1 になればよいから $\quad a=1 \quad$ 答

(2) (1)より，$a=1$ であるから $\quad f(x) = \begin{cases} x & (0 \leqq x \leqq 1) \\ 2-x & (1 \leqq x \leqq 2) \end{cases}$

したがって

$$P(0.5 \leqq X \leqq 1.5) = \int_{0.5}^{1.5} f(x)dx = \int_{0.5}^1 x\, dx + \int_1^{1.5}(2-x)dx$$

$$= \left[\frac{x^2}{2} \right]_{0.5}^1 + \left[2x - \frac{x^2}{2} \right]_1^{1.5} = 0.375 + 0.375 = \mathbf{0.75} \quad 答$$

第2節 統計的な推測

6 母集団と標本

まとめ

1 全数調査と標本調査

統計的な調査には，対象全体からデータを集めて調べる **全数調査** と，対象全体からその一部を抜き出して調べる **標本調査** という方法がある。

標本調査の場合，調査の対象全体を **母集団**，母集団に属する個々の対象を **個体**，個体の総数を **母集団の大きさ** という。また，調査のために母集団から抜き出された個体の集合を **標本** といい，母集団から標本を抜き出すことを **抽出** という。標本に属する個体の総数を **標本の大きさ** という。

2 無作為抽出

標本調査の目的は，抽出された標本から母集団のもつ性質を正しく推測することにあり，標本が偏りなく公平に抽出されることが必要である。

母集団の各個体を等しい確率で抽出する方法を **無作為抽出** といい，無作為抽出で選ばれた標本を **無作為標本** という。無作為抽出では，**乱数さい** や **乱数表** などが使われる。

3 復元抽出と非復元抽出

母集団から標本を抽出するのに，毎回もとにもどしながら個体を1個ずつ抽出することを **復元抽出**，個体をもとにもどさないで標本を抽出することを **非復元抽出** という。

例 袋の中の玉を1個ずつ取り出すとき，取り出した玉をもとにもどす場合は復元抽出，もとにもどさない場合は非復元抽出である。

4 変量

統計的な調査の対象には，身長，血液型，不良品の個数などのように，特定の性質がある。これを特性といい，特性を表すものを **変量** という。

5 母集団分布

大きさ N の母集団において，変量 x のとりうる異なる値を x_1, x_2, ……, x_r とし，それぞれの値をとる個体の個数を f_1, f_2, ……, f_r とする。

このとき，この母集団から1個の個体を無作為に抽出して，変量 x の値を X とすると，X は確率変数であり，その確率分布は右の表のようになる。

X	x_1	x_2	……	x_r	計
P	$\dfrac{f_1}{N}$	$\dfrac{f_2}{N}$	……	$\dfrac{f_r}{N}$	1

$$(N=f_1+f_2+……+f_r)$$

この X の確率分布を **母集団分布** という。また，確率変数 X の期待値，標準偏差を，それぞれ **母平均**，**母標準偏差** といい，m, σ で表す。m, σ は，母集団における変量 x の平均値，標準偏差にそれぞれ一致する。

A 全数調査と標本調査　**B** 無作為抽出の方法　**C** 復元抽出と非復元抽出

教 p.88

練習 26	教科書の例 19 において，標本を 1 枚ずつ非復元抽出し，抜き出した順序を区別しないとき，大きさ 5 の標本の総数をいえ。

指針 **非復元抽出と標本の総数**　100 枚の中から 5 枚を選ぶ組合せの総数に等しい。

解答 100 枚の札の中から，取り出した札をもとにもどさないで 5 枚選ぶときの選び方の総数であるから

$$_{100}C_5 = \frac{100 \cdot 99 \cdot 98 \cdot 97 \cdot 96}{5 \cdot 4 \cdot 3 \cdot 2 \cdot 1}$$

$$= 75287520 \quad \text{答}$$

D 母集団分布

教 p.89

練習 27	右の表は，40 枚の札に書かれた数字とその枚数である。40 枚を母集団，札の数字を変量とするとき，母集団分布を求めよ。また，母平均，母標準偏差を求めよ。

数字	1	2	3	4	5	計
枚数	2	6	24	6	2	40

指針 **母集団分布・母平均・母標準偏差**　40 枚から 1 枚を無作為抽出したときの札の数字を X として，X の確率分布を求め，期待値，標準偏差を計算する。

解答 40 枚の札から 1 枚の札を無作為に抽出し，その札の数字を X とすると，与えられた度数分布表から，X の確率分布，すなわち母集団分布は下の表のようになる。

答

X	1	2	3	4	5	計
P	$\frac{1}{20}$	$\frac{3}{20}$	$\frac{12}{20}$	$\frac{3}{20}$	$\frac{1}{20}$	1

母平均 m は

$$m = 1 \cdot \frac{1}{20} + 2 \cdot \frac{3}{20} + 3 \cdot \frac{12}{20} + 4 \cdot \frac{3}{20} + 5 \cdot \frac{1}{20} = \frac{60}{20} = 3$$

母標準偏差 σ について

$$\sigma^2 = (1-3)^2 \cdot \frac{1}{20} + (2-3)^2 \cdot \frac{3}{20} + (3-3)^2 \cdot \frac{12}{20} + (4-3)^2 \cdot \frac{3}{20} + (5-3)^2 \cdot \frac{1}{20}$$

$$= \frac{14}{20} = \frac{7}{10}$$

よって　$\sigma = \sqrt{\frac{7}{10}} = \frac{\sqrt{70}}{10}$

答　**母平均 3，母標準偏差 $\frac{\sqrt{70}}{10}$**

7 標本平均の分布

まとめ

1 標本平均

母集団から大きさ n の無作為標本を抽出し，それらの変量 x の値を $X_1,\ X_2,\ \cdots\cdots,\ X_n$ とするとき，$\overline{X}=\dfrac{X_1+X_2+\cdots\cdots+X_n}{n}$ を **標本平均** という。

n を固定すると，標本平均 $\overline{X}$ は1つの確率変数になる。

2 標本平均の期待値と標準偏差

母平均 m，母標準偏差 σ の母集団から大きさ n の無作為標本を抽出するとき，その標本平均 $\overline{X}$ の期待値 $E(\overline{X})$ と標準偏差 $\sigma(\overline{X})$ は

$$E(\overline{X})=m,\quad \sigma(\overline{X})=\frac{\sigma}{\sqrt{n}}$$

3 標本平均の分布と正規分布

母平均 m，母標準偏差 σ の母集団から抽出された大きさ n の無作為標本について，標本平均 $\overline{X}$ は，n が大きいとき，近似的に正規分布 $N\left(m,\ \dfrac{\sigma^2}{n}\right)$ に従うとみなすことができる。したがって，$Z=\dfrac{\overline{X}-m}{\dfrac{\sigma}{\sqrt{n}}}$ は，n が大きいとき，近似的に標準正規分布 $N(0,\ 1)$ に従う。

注意 母集団分布が正規分布のときは，n が大きくなくても，常に $\overline{X}$ は正規分布 $N\left(m,\ \dfrac{\sigma^2}{n}\right)$ に従うことが知られている。

4 母比率と標本比率

一般に，母集団の中である特性 A をもつものの割合を，その特性 A の **母比率** という。また，抽出された標本の中で特性 A をもつものの割合を **標本比率** という。

5 標本比率と正規分布

特性 A の母比率 p の母集団から抽出された大きさ n の無作為標本について，標本比率 R は，n が大きいとき，近似的に正規分布 $N\left(p,\ \dfrac{pq}{n}\right)$ (ただし，$q=1-p$) に従うとみなすことができる。

6 大数の法則

母平均 m の母集団から大きさ n の無作為標本を抽出するとき，n が大きくなるに従って，その標本平均 $\overline{X}$ はほとんど確実に母平均 m に近づく。これを **大数の法則** という。

A 標本平均の期待値と標準偏差

教 p.92

練習 28　母平均 170，母標準偏差 8 の十分大きい母集団から，大きさ 16 の標本を抽出するとき，その標本平均 $\overline{X}$ の期待値と標準偏差を求めよ。

指針 **標本平均の期待値と標準偏差**　母平均 m，母標準偏差 σ の母集団から大きさ n の無作為標本を抽出するとき，標本平均 $\overline{X}$ の期待値，標準偏差は

$$E(\overline{X})=m, \quad \sigma(\overline{X})=\frac{\sigma}{\sqrt{n}}$$

解答　$\overline{X}$ の期待値は　　$E(\overline{X})=170$

$\overline{X}$ の標準偏差は　　$\sigma(\overline{X})=\dfrac{8}{\sqrt{16}}=\dfrac{8}{4}=2$

答　期待値 170，標準偏差 2

B 標本平均の分布と正規分布

教 p.93

練習 29　教科書の応用例題 3 において，標本の大きさを 400 とするとき，標本平均 $\overline{X}$ が 48 より小さい値をとる確率を求めよ。

指針 **標本平均の分布と正規分布**　母平均 m，母標準偏差 σ の母集団から抽出された大きさ n の無作為標本の標本平均 $\overline{X}$ は，n が大きいとき，近似的に正規分布 $N\left(m, \dfrac{\sigma^2}{n}\right)$ に従うとみなせるから，$Z=\dfrac{\overline{X}-m}{\dfrac{\sigma}{\sqrt{n}}}$ は近似的に標準正規分布 $N(0, 1)$ に従う。

解答　標本の大きさは $n=400$，母標準偏差は $\sigma=20$ であるから，標本平均 $\overline{X}$ の標準偏差は　　$\dfrac{\sigma}{\sqrt{n}}=\dfrac{20}{\sqrt{400}}=1$

また，母平均は $m=50$ であるから，$Z=\dfrac{\overline{X}-50}{1}=\overline{X}-50$

は近似的に標準正規分布 $N(0, 1)$ に従う。

$\overline{X}=48$ のとき　$Z=48-50=-2$

よって　　$P(\overline{X}<48)=P(Z<-2)=P(Z>2)$
$$=0.5-p(2)=0.5-0.4772=\mathbf{0.0228} \quad 答$$

標準正規分布に
直して考えよう。

C 標本比率と正規分布

練習
30

不良品が全体の 10 % 含まれる大量の製品の山から大きさ 100 の無作為標本を抽出するとき，不良品の標本比率 R について，次の問いに答えよ。

(1) R は近似的にどのような正規分布に従うとみなすことができるか。

(2) $0.07 \leqq R \leqq 0.13$ となる確率を求めよ。

指針 **標本比率と正規分布** 母比率 p の母集団から抽出された大きさ n の無作為標本の標本比率 R は，n が大きいとき，近似的に正規分布 $N\left(p, \dfrac{pq}{n}\right)$

(ただし，$q = 1 - p$) に従うとみなせる。

(1) $p = 0.1$，$n = 100$ として考える。

(2) 標準正規分布 $N(0, 1)$ に従う確率変数 Z に変換して考える。

解答 (1) 母比率 0.1 の母集団から，大きさ 100 の無作為標本を抽出するから，標本比率 R は近似的に正規分布 $N\left(0.1, \dfrac{0.1 \times 0.9}{100}\right)$，すなわち

$N(0.1, \ 0.03^2)$ に従う。 答

(2) (1)から，$Z = \dfrac{R - 0.1}{0.03}$ は近似的に標準正規分布 $N(0, 1)$ に従う。

$R = 0.07$ のとき $Z = -1$，$R = 0.13$ のとき $Z = 1$ であるから，求める確率は

$$
\begin{aligned}
P(0.07 \leqq R \leqq 0.13) &= P(-1 \leqq Z \leqq 1) \\
&= 2P(0 \leqq Z \leqq 1) \\
&= 2p(1) \\
&= 2 \times 0.3413 = \mathbf{0.6826} \quad \text{答}
\end{aligned}
$$

D 大数の法則

練習
31

1 枚の硬貨を n 回投げるとき，表の出る相対度数を R とする。次の各場合について，確率 $P\left(\left|R - \dfrac{1}{2}\right| \leqq 0.05\right)$ の値を求めよ。

(1) $n = 100$ (2) $n = 400$ (3) $n = 900$

指針 **標本比率と大数の法則** 本問はいろいろな考え方ができるが，次のような方針によって解くとわかりやすい。

① 表の出る回数を X とすると，確率変数 X は二項分布 $B\left(n, \dfrac{1}{2}\right)$ に従い，

正規分布で近似できる。

② 相対度数 R は $R=\dfrac{X}{n}$ となり，R もまた正規分布で近似できる。

③ R を標準正規分布に従う確率変数 Z に変換して確率を求める。

解答 硬貨を n 回投げるとき，表の出る回数を X とすると，X は二項分布 $B\left(n,\ \dfrac{1}{2}\right)$ に従い，n が大きいとき，近似的に正規分布 $N\left(n\cdot\dfrac{1}{2},\ n\cdot\dfrac{1}{2}\cdot\dfrac{1}{2}\right)$，すなわち $N\left(\dfrac{n}{2},\ \dfrac{n}{4}\right)$ に従う。このとき，表の出る相対度数 $R=\dfrac{X}{n}$ は近似的に正規分布 $N\left(\dfrac{1}{n}\cdot\dfrac{n}{2},\ \dfrac{1}{n^2}\cdot\dfrac{n}{4}\right)$，すなわち $N\left(\dfrac{1}{2},\ \dfrac{1}{4n}\right)$ に従い，

$Z=\dfrac{R-\dfrac{1}{2}}{\sqrt{\dfrac{1}{4n}}}$ は近似的に標準正規分布 $N(0,\ 1)$ に従う。

$R-\dfrac{1}{2}=\dfrac{Z}{2\sqrt{n}}$ であるから，$\left|R-\dfrac{1}{2}\right|\leqq 0.05$ のとき $\dfrac{|Z|}{2\sqrt{n}}\leqq 0.05$

(1) $P\left(\left|R-\dfrac{1}{2}\right|\leqq 0.05\right)=P\left(\dfrac{|Z|}{2\sqrt{100}}\leqq 0.05\right)=P(|Z|\leqq 1)$

$\qquad\qquad =P(-1\leqq Z\leqq 1)=2P(0\leqq Z\leqq 1)$

$\qquad\qquad =2p(1)=2\times 0.3413=\textbf{0.6826}$ 答

(2) $P\left(\left|R-\dfrac{1}{2}\right|\leqq 0.05\right)=P\left(\dfrac{|Z|}{2\sqrt{400}}\leqq 0.05\right)=P(|Z|\leqq 2)$

$\qquad\qquad =P(-2\leqq Z\leqq 2)=2P(0\leqq Z\leqq 2)$

$\qquad\qquad =2p(2)=2\times 0.4772=\textbf{0.9544}$ 答

(3) $P\left(\left|R-\dfrac{1}{2}\right|\leqq 0.05\right)=P\left(\dfrac{|Z|}{2\sqrt{900}}\leqq 0.05\right)=P(|Z|\leqq 3)$

$\qquad\qquad =P(-3\leqq Z\leqq 3)=2P(0\leqq Z\leqq 3)$

$\qquad\qquad =2p(3)=2\times 0.49865=\textbf{0.9973}$ 答

補足 教科書 *p.*78 の最初で述べられているように，確率変数 X が正規分布 $N(m,\ \sigma^2)$ に従うとき，$aX+b$ は正規分布 $N(am+b,\ a^2\sigma^2)$ に従うことが知られている。このことから，解答において，＿＿＿ で示した事柄が成り立つ。

参考 本問の結果が示す意味について考えてみよう。硬貨を n 回投げて，k 回目に表が出るとき $X_k=1$，裏が出るとき $X_k=0$ となる確率変数を $X_k(k=1,\ 2,\ \cdots\cdots,\ n)$ とする。

このとき，各 X_k は右のような母集団分布に従う確率変数と考えられ，その母平均は

X	1	0	計
P	$\dfrac{1}{2}$	$\dfrac{1}{2}$	1

$m=1\cdot\dfrac{1}{2}+0\cdot\dfrac{1}{2}=\dfrac{1}{2}=0.5$ である。

一方，標本平均 $\overline{X}=\dfrac{X_1+X_2+\cdots\cdots+X_n}{n}$ は相対度数 R に一致するから，

$$P\left(\left|R-\frac{1}{2}\right|\leqq0.05\right)=P\left(|\overline{X}-0.5|\leqq0.05\right)=P(0.45\leqq\overline{X}\leqq0.55)$$

となる。ここで，(1)〜(3)の結果から

$n=100$ のとき　$P(0.45\leqq\overline{X}\leqq0.55)=0.6826$

$n=400$ のとき　$P(0.45\leqq\overline{X}\leqq0.55)=0.9544$

$n=900$ のとき　$P(0.45\leqq\overline{X}\leqq0.55)=0.9973$

なので，n が大きくなるにつれて，標本平均 $\overline{X}$ が母平均 0.5 に近い値をとる確率が 1 に近づいていることがわかり，大数の法則が成り立つことが示唆されている。

8　推定

まとめ

1　母平均の推定

母標準偏差を σ とする。標本の大きさ n が大きいとき，母平均 m に対する信頼度 95 % の 信頼区間 は，標本平均を $\overline{X}$ とすると

$$\left[\overline{X}-1.96\cdot\frac{\sigma}{\sqrt{n}},\ \overline{X}+1.96\cdot\frac{\sigma}{\sqrt{n}}\right]$$

注意　母平均 m に対して信頼度 95 % の信頼区間を求めることを「母平均 m を信頼度 95 % で 推定 する」ということがある。

2　母平均の推定（母標準偏差がわからないとき）

母平均の推定において，標本の大きさ n が大きいときは，母標準偏差 σ の代わりに標本の標準偏差 S を用いても差し支えないことが知られている。

3　母比率の推定

標本の大きさ n が大きいとき，標本比率を R とすると，母比率 p に対する信頼度 95 % の信頼区間は

$$\left[R-1.96\sqrt{\frac{R(1-R)}{n}},\ R+1.96\sqrt{\frac{R(1-R)}{n}}\right]$$

A　母平均の推定

教 p.98

練習32 大量に生産されたある製品の中から，100 個を無作為抽出して長さを測ったところ，平均値 103.4 cm，標準偏差 1.5 cm であった。この製品の平均の長さ m cm に対して，信頼度 95 % の信頼区間を求めよ。

指針 **母平均の推定** 母標準偏差 σ の代わりに標本の標準偏差 S を用いる。このとき，標本平均を $\overline{X}$，標本の大きさを n とすると，母平均 m に対する信頼度 95％の信頼区間は

$$\left[\overline{X}-1.96\cdot\frac{S}{\sqrt{n}},\ \ \overline{X}+1.96\cdot\frac{S}{\sqrt{n}}\right]$$

また，標本をとるとき，得られる平均値は $\overline{X}$ の実現値（実際に観測された値）で変数ではない。そのため，下の **解答** では小文字の $\overline{x}$ を用いている。

解答 標本の平均値は $\overline{x}=103.4$，標本の標準偏差は $S=1.5$，標本の大きさは $n=100$ であるから

$$1.96\cdot\frac{S}{\sqrt{n}}=1.96\cdot\frac{1.5}{\sqrt{100}}\fallingdotseq0.3$$

よって，求める信頼区間は

$$[103.4-0.3,\ \ 103.4+0.3]$$

すなわち **[103.1, 103.7]** ただし，単位は cm 答

B 母比率の推定

練習 33 教科書の例題 6 において，標本の大きさが 900 人のときは，A 政党の支持者は 324 人いた。A 政党の支持者の母比率 p に対して，信頼度 95％の信頼区間を求めよ。

指針 **母比率の推定** 標本比率を R，標本の大きさを n とすると，母比率 p に対する信頼度 95％の信頼区間は

$$\left[R-1.96\sqrt{\frac{R(1-R)}{n}},\ \ R+1.96\sqrt{\frac{R(1-R)}{n}}\right]$$

解答 標本比率 R は

$$R=\frac{324}{900}=0.36$$

$n=900$ であるから

$$1.96\sqrt{\frac{R(1-R)}{n}}=1.96\sqrt{\frac{0.36\times0.64}{900}}$$
$$=1.96\times0.016\fallingdotseq0.031$$

よって，求める信頼区間は

$$[0.36-0.031,\ \ 0.36+0.031]$$

すなわち **[0.329, 0.391]** 答

9 仮説検定

まとめ

1 仮説検定

母集団に関して考えた仮定を **仮説** といい，標本から得られた結果によって，この仮説が正しいか正しくないかを判断する方法を **仮説検定** という。また，仮説が正しくないと判断することを，仮説を **棄却する** という。

たとえば，「硬貨 A は表と裏の出やすさに偏りがある」かどうかを仮説検定によって判断するときには，判断したい主張，すなわち

　　[1]　硬貨 A の表の出る確率 p は $p=0.5$ ではない

に対し，これに反する仮定として

　　[2]　硬貨 A の表の出る確率 p は $p=0.5$ である

を立てる。そして，[2] の仮定のもとでの議論の結果，[2] が正しくないと判断されればこれを棄却し，[1] の主張が正しいと判断することになる。

補足　上の例のように，正しいかどうか判断したい主張 [1] に反する仮定として立てた主張 [2] を **帰無仮説** といい，主張 [1] を **対立仮説** という。

2 有意水準と棄却域

仮説検定では，まず，どの程度小さい確率の事象が起こると仮説を棄却するか，という基準をあらかじめ定めておく。この基準となる確率 α を **有意水準** という。有意水準 α は，0.05（5 %）または 0.01（1 %）と定めることが多い。

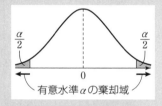

有意水準 α の棄却域

有意水準 α に対して，仮説が棄却されるような確率変数の値の範囲が定まる。この範囲を有意水準 α の **棄却域** という。

3 仮説検定の手順

① ある事象が起こった状況や原因を推測し，仮説（帰無仮説）を立てる。

② 有意水準 α を定め，仮説にもとづいて棄却域を定める。

③ 標本から得られた確率変数の値が棄却域に入れば仮説を棄却し，棄却域に入らなければ仮説を棄却しない。

注意　有意水準 α で仮説検定を行うことを，「有意水準 α で **検定** する」ということがある。

4 両側検定と片側検定

たとえば，硬貨の表の出る確率を p とするとき，判断したい主張が「$p \neq 0.5$」である場合には，標本から得られた結果（確率変数の値）が有意水準より大きくても，小さくても仮説（$p=0.5$）が棄却されるように，棄却域を両側にとって検定を行う。このような検定を **両側検定** という。

これに対し，判断したい主張が「$p>0.5$」である場合には，標本から得られた結果が有意水準より大きい場合にのみ仮説（$p=0.5$）が棄却されるように，棄却域を片側にのみとって検定を行う。このような検定を **片側検定** という。

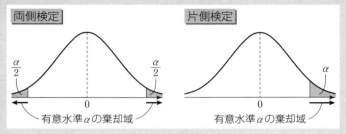

A 仮説検定

練習
34

ある 1 個のさいころを 180 回投げたところ，1 の目が 24 回出た。このさいころは，1 の目が出る確率が $\frac{1}{6}$ ではないと判断してよいか。有意水準 5 ％で検定せよ。

指針 **両側検定** 「1 の目が出る確率は $\frac{1}{6}$ である」という仮説を立てると，1 の目が出る回数 X は二項分布 $B\left(180, \frac{1}{6}\right)$ に従う。X を標準正規分布 $N(0, 1)$ に従う確率変数 Z に変換し，$X=24$ に対応する Z の値が有意水準 5 ％の棄却域（両側にある）に入るかどうかで判断する。

解答 1 の目が出る確率を p とする。

1 の目が出る確率が $\frac{1}{6}$ でなければ，$p \neq \frac{1}{6}$ である。

ここで，「1 の目が出る確率は $\frac{1}{6}$ である」，すなわち $p=\frac{1}{6}$ という仮説を立てる。

この仮説が正しいとすると，180 回のうち 1 の目が出る回数 X は，二項分布 $B\left(180, \frac{1}{6}\right)$ に従う。X の期待値 m と標準偏差 σ は

$$m=180 \times \frac{1}{6}=30, \quad \sigma=\sqrt{180 \times \frac{1}{6} \times \frac{5}{6}}=5$$

よって，$Z=\dfrac{X-30}{5}$ は近似的に標準正規分布 $N(0, 1)$ に従う。

正規分布表より $P(-1.96 \leqq Z \leqq 1.96)=0.95$ であるから，有意水準 5 ％の棄却域は $\quad Z \leqq -1.96$ または $1.96 \leqq Z$

$X=24$ のとき $Z=\dfrac{24-30}{5}=-1.2$ であり，この値は棄却域に入らないから，仮説を棄却できない。

したがって，この結果からは，1の目が出る確率が $\dfrac{1}{6}$ ではないとは **判断できない**。 答

注意 教科書 $p.102$ の例23や本問では，「仮説を棄却できない」という判断をしているが，仮説が正しいと判断しているわけではない。たとえば，本問の場合では，仮説を積極的に肯定し，「1の目が出る確率は $\dfrac{1}{6}$ である」と主張しているわけではない。

教 p.104

練習 35
ある種子の発芽率は従来75％であったが，品種改良した新しい種子から無作為に300個を抽出して種をまいたところ，237個が発芽した。品種改良によって発芽率は上がったと判断してよいか。有意水準5％で検定せよ。

指針 **片側検定** 新しい種子の発芽率を p とし，「発芽率は上がらなかった」，すなわち，「$p=0.75$」という仮説を立てると，発芽する種子の個数 X は二項分布 $B(300,\ 0.75)$ に従う。X を標準正規分布 $N(0,\ 1)$ に従う確率変数 Z に変換し，$X=237$ に対応する Z の値が有意水準5％の棄却域(片側のみ)に入るかどうかで判断する。

解答 品種改良した新しい種子の発芽率を p とする。

品種改良によって発芽率が上がったなら，$p>0.75$ である。

ここで，「品種改良によって発芽率は上がらなかった」，すなわち $p=0.75$ という仮説を立てる。この仮説が正しいとすると，300個のうち発芽する種子の個数 X は，二項分布 $B(300,\ 0.75)$ に従う。X の期待値 m と標準偏差 σ は

$$m=300\times0.75=225,\quad \sigma=\sqrt{300\times0.75\times0.25}=7.5$$

よって，$Z=\dfrac{X-225}{7.5}$ は近似的に標準正規分布 $N(0,\ 1)$ に従う。

正規分布表より $P(0\leqq Z\leqq1.64)=0.45$ であるから，有意水準5％の棄却域は

$$Z\geqq1.64$$

$X=237$ のとき $Z=\dfrac{237-225}{7.5}=1.6$ であり，この値は棄却域に入らないから，仮説を棄却できない。

したがって，品種改良によって発芽率が上がったとは **判断できない**。 答

教 p.104

教科書 102 ページの例 23 において，「コインは表が出にくい」と判断してよいかを，片側検定を用いて，有意水準 5％で検定してみよう。

指針 **片側検定** 判断したい主張を「$p<0.5$」，仮説を「$p=0.5$」としたうえで，例 23 と同様に行う。最後に，得られた値が有意水準 5％の片側検定の棄却域に入るかどうか確認する。

解答 表が出る確率を p とする。表が出にくいなら，$p<0.5$ である。ここで，「表が出にくくない」，すなわち $p=0.5$ という仮説を立てる。

この仮説が正しいとすると，400 回のうち表が出る回数 X は，二項分布 $B(400, 0.5)$ に従う。X の期待値 m と標準偏差 σ は

$$m=400\times0.5=200, \quad \sigma=\sqrt{400\times0.5\times0.5}=10$$

よって，$Z=\dfrac{X-200}{10}$ は近似的に標準正規分布 $N(0, 1)$ に従う。

正規分布表より $P(-1.64\leqq Z\leqq0)=0.45$ であるから，有意水準 5％の棄却域は

$$Z\leqq-1.64$$

$X=183$ のとき $Z=\dfrac{183-200}{10}=-1.7$ であり，この値は棄却域に入るから，仮説は棄却できる。

すなわち，コインは表が出にくいと 判断してよい。　答

コラム 標本の抽出方法

教 p.105

練習 標本の抽出方法について，どのような方法があるか調べてみよう。また，それらの抽出方法について，よい点や問題点をまとめてみよう。

（例1） 系統抽出法

母集団に通し番号をつけ，乱数さいや乱数表などを用いて無作為に開始番号を選び，開始番号を基準に等間隔に個体を抜き出す方法を，系統抽出法という。抽出が簡単に行えるが，母集団の並び順に周期がある場合に抽出した標本に偏りが生じる。

（例2） 2 段抽出法

1 段目の抽出として，母集団を地域など複数の部分集団（クラスター）に分割し，いくつかの部分集団を抽出する。次に，2 段目の抽出として，1 段目に抽出した部分集団から無作為に個体を抜き出す。このような方法を 2 段抽出法という。また，全国を母集団として，都道府県に分割してその中からいく

つかの都道府県を抽出し，抽出した都道府県を市区町村に分割しその中から
いくつかの市区町村を抽出し，抽出した市区町村の中から個人を抽出する，
といった段階をより多くして抽出を行う場合は多段抽出法という。母集団が
大きい場合に，実際に調べる個体を少なく抑えられるため実施しやすい反面，
段階を増やすほど標本の偏りが大きくなる。

（例3） **二相抽出法**

母集団にいくつかの層（たとえば，性別，年代別，職業別など）が含まれて
いるが，層の情報を十分に得られていない場合に，一相目に，層の情報を得
るための無作為抽出を行い，二相目に，得られた層の情報をもとに層化無作
為抽出を行う方法を二相抽出という。実際の調査においては，一相目に大規
模な調査を行い必要な情報を得たうえで，二相目に標本の大きさの小さい調
査を行うというようにすると，毎回大規模な調査を行う場合よりも調査実施
のコストを抑えて抽出を行える。

第2章 第2節 　／　　**問　題**

教 p.106

7　ある県の高校2年生の男子を母集団とするとき，その身長の分布は平
均170cm，標準偏差4cmの正規分布で近似された。この母集団から
無作為に64人を抽出するとき，その64人の身長の平均が169cm以上
171cm以下の範囲にある確率を求めよ。

指針 **標本平均の分布と正規分布**　母平均 m，母標準偏差 σ の母集団から抽出され
た大きさ n の無作為標本の標本平均 $\overline{X}$ は，n が十分大きいとき，近似的に正

規分布 $N\!\left(m, \dfrac{\sigma^2}{n}\right)$ に従うとみなせるから，$Z=\dfrac{\overline{X}-m}{\dfrac{\sigma}{\sqrt{n}}}$ は近似的に標準正規分

布 $N(0, 1)$ に従う。

解答 標本の大きさは $n=64$，母標準偏差は $\sigma=4$ であるから，標本平均 $\overline{X}$ の標準

偏差は $\dfrac{\sigma}{\sqrt{n}}=\dfrac{4}{\sqrt{64}}=\dfrac{1}{2}$　　また，母平均は $m=170$ であるから，

$$Z=\dfrac{\overline{X}-170}{\dfrac{1}{2}}=2(\overline{X}-170)\text{ は近似的に標準正規分布 }N(0, 1)\text{ に従う。}$$

$\overline{X}=169$ のとき　　$Z=2(169-170)=-2$

$\overline{X}=171$ のとき　　$Z=2(171-170)=2$

したがって　　$P(169\leqq\overline{X}\leqq171)=P(-2\leqq Z\leqq2)$

$$=P(-2 \leqq Z \leqq 0)+P(0 \leqq Z \leqq 2)=2P(0 \leqq Z \leqq 2)$$
$$=2p(2)=2 \times 0.4772=\mathbf{0.9544} \quad \text{答}$$

教 p.106

8　Z を標準正規分布 $N(0,\ 1)$ に従う確率変数とする。$P(|Z| \leqq a)=0.99$ を満たす最も適切な a の値を，次の①～④のうちから1つ選べ。
　　① 1.75　　② 1.96　　③ 2.33　　④ 2.58

指針　**標準正規分布と確率**　条件式から，$P(0 \leqq Z \leqq a)$，すなわち $p(a)$ の値を求め，$p(a)$ に近い値を正規分布表で探す。

解答　$P(|Z| \leqq a)=P(-a \leqq Z \leqq a)=P(-a \leqq Z \leqq 0)+P(0 \leqq Z \leqq a)$
　　　　　　　　$=2P(0 \leqq Z \leqq a)=2p(a)$
$2p(a)=0.99$ から　　$p(a)=0.495$
正規分布表により $p(2.57)=0.4949$，$p(2.58)=0.4951$
であるから，選択肢にある値のうち，a の値として最も適切なものは 2.58 である。したがって　④　答

教 p.106

9　ある工場で生産されている製品 A から 100 個の無作為標本を抽出して耐久時間を調べたところ，平均値は 1470 時間，標準偏差は 200 時間であった。この工場で生産される製品 A の平均耐久時間 m 時間に対して，次の問いに答えよ。
　(1) 信頼度 95％の信頼区間を求めよ。
　(2) 信頼度 99％の信頼区間を求めよ。

指針　**母平均の推定**　母標準偏差の代わりに標本の標準偏差 S を用いる。また，標本平均を $\overline{X}$，標本の大きさを n とする。
　(1) 母平均 m に対する信頼度 95％の信頼区間は
$$\left[\overline{X}-1.96 \cdot \frac{S}{\sqrt{n}},\ \overline{X}+1.96 \cdot \frac{S}{\sqrt{n}}\right]$$
　(2) 標準正規分布 $N(0,\ 1)$ に従う確率変数を Z とする。教科書 p.96 と同様に考えると，信頼度 99％の信頼区間は，$P(|Z| \leqq a)=0.99$ を満たす a を用いて，$\left[\overline{X}-a \cdot \frac{S}{\sqrt{n}},\ \overline{X}+a \cdot \frac{S}{\sqrt{n}}\right]$ と表されることがわかる。前問の 8 の結果を利用するとよい。

解答　標本の平均値は $\overline{X}=1470$，標本の標準偏差は $S=200$，標本の大きさは $n=100$ である。
　(1)　　　　　$1.96 \cdot \frac{S}{\sqrt{n}}=1.96 \cdot \frac{200}{\sqrt{100}} \fallingdotseq 39$

よって，求める信頼区間は　　[1470−39，1470＋39]

すなわち　　**[1431，1509]**　ただし，単位は時間　答

(2) 標準正規分布 $N(0，1)$ に従う確率変数を Z とすると，母平均 m に対する信頼度 99 % の信頼区間は，$P(|Z|\leqq a)=0.99$ …… ①

①を満たす a を用いて $\left[\overline{X}-a\cdot\dfrac{S}{\sqrt{n}}，\overline{X}+a\cdot\dfrac{S}{\sqrt{n}}\right]$ …… ②

と表される。ここで，前問 8 の結果により，①を満たす a は $a=2.58$ であり，

このとき②は $\left[\overline{X}-2.58\cdot\dfrac{S}{\sqrt{n}}，\overline{X}+2.58\cdot\dfrac{S}{\sqrt{n}}\right]$ となる。

$$2.58\cdot\frac{S}{\sqrt{n}}=2.58\cdot\frac{200}{\sqrt{100}}\fallingdotseq 52$$

よって，求める信頼区間は　　[1470−52，1470＋52]

すなわち　　**[1418，1522]**　ただし，単位は時間　答

(2)は信頼区間の公式を丸暗記するだけではできないよ。定義とその意味を理解しておこう。

教 p.106

10 ある 1 個のさいころを 720 回投げたところ，1 の目が 98 回出た。このさいころは，1 の目が出る確率が $\dfrac{1}{6}$ ではないと判断してよいか。有意水準 5 % で検定せよ。

指針　**両側検定**　判断したい主張は「1 の目が出る確率が $\dfrac{1}{6}$ ではない」である。判断したい主張の数式による表現が「≠」で表されるときは両側検定を用いる。

解答　1 の目が出る確率を p とする。

1 の目が出る確率が $\dfrac{1}{6}$ でなければ，$p\neq\dfrac{1}{6}$ である。

ここで，「1 の目が出る確率は $\dfrac{1}{6}$ である」，すなわち

$p=\dfrac{1}{6}$ という仮説を立てる。

この仮説が正しいとすると，720 回のうち 1 の目が

出る回数 X は，二項分布 $B\left(720，\dfrac{1}{6}\right)$ に従う。

まずは両側検定なのか片側検定なのかを最初に判断しよう。

X の期待値 m と標準偏差 σ は

$$m = 720 \times \frac{1}{6} = 120, \quad \sigma = \sqrt{720 \cdot \frac{1}{6} \cdot \frac{5}{6}} = 10$$

よって，$Z = \dfrac{X-120}{10}$ は近似的に標準正規分布 $N(0,\ 1)$ に従う。

正規分布表より $P(-1.96 \leq Z \leq 1.96) = 0.95$ であるから，有意水準 5% の棄却域は $\qquad Z \leq -1.96$ または $1.96 \leq Z$

$X = 98$ のとき $Z = \dfrac{98-120}{10} = -2.2$ であり，この値は棄却域に入るから，仮説は棄却できる。

すなわち，このさいころは，1 の目が出る確率が $\dfrac{1}{6}$ ではないと **判断してよい。**

（答）

教 p.106

11 A 社のある製品の不良率は従来 5% であったが，A 社が新たに開発した製法で作られた製品から 1900 個を無作為に抽出して調べたところ，不良品の数は 75 個であった。新製法により，不良率は従来より下がったと判断してよいか。有意水準 1% で検定せよ。

指針 **片側検定** 判断したい主張は「不良率が従来より下がった (低い)」である。判断したい主張の数式による表現が「$<$」（または「$>$」）で表されるときは片側検定を用いる。なお，有意水準は 1% (0.01) であることに注意する。

解答 新たに開発した製法で作られた製品の不良率を p とする。

新たに開発した製法によって不良率が従来より下がったなら，$p < 0.05$ である。ここで，「新たに開発した製法によって不良率が従来より下がらなかった」，すなわち $p = 0.05$ という仮説を立てる。この仮説が正しいとすると，1900 個のうちの不良品の個数 X は，二項分布 $B(1900,\ 0.05)$ に従う。

X の期待値 m と標準偏差 σ は

$$m = 1900 \times 0.05 = 95, \quad \sigma = \sqrt{1900 \times 0.05 \times 0.95} = 9.5$$

よって，$Z = \dfrac{X-95}{9.5}$ は近似的に標準正規分布 $N(0,\ 1)$ に従う。

正規分布表より $P(-2.33 \leq Z \leq 0) = 0.49$ であるから，有意水準 1% の棄却域は $\qquad Z \leq -2.33$

$X = 75$ のとき $Z = \dfrac{75-95}{9.5} \fallingdotseq -2.1$ であり，この値は棄却域に入らないから，仮説を棄却できない。

したがって，新たに開発した製法によって不良率が従来より下がったとは **判断できない。** （答）

第2章 章末問題A

教 p.107

1. 1個のさいころを投げ，出た目が X のとき $100X$ 円もらえるゲームがある。ゲームの参加料は 300 円である。このゲームを 1 回行うときの利益を Y 円とするとき，次の問いに答えよ。

(1) Y を X で表せ。　　　　　　(2) Y の期待値を求めよ。

指針 ゲームの期待値

(1) （利益）＝（賞金）−（参加料）

(2) X の期待値を求め，$E(aX+b)=aE(X)+b$ を利用する。

解答 (1) 出た目が X のとき，賞金は $100X$ 円で，参加料として 300 円払っているので，利益 Y 円に対して

$$Y=100X-300 \quad 答$$

(2) X の確率分布は表のようになる。

X	1	2	3	4	5	6	計
P	$\frac{1}{6}$	$\frac{1}{6}$	$\frac{1}{6}$	$\frac{1}{6}$	$\frac{1}{6}$	$\frac{1}{6}$	1

よって，X の期待値は

$$E(X)=1\cdot\frac{1}{6}+2\cdot\frac{1}{6}+3\cdot\frac{1}{6}+4\cdot\frac{1}{6}+5\cdot\frac{1}{6}+6\cdot\frac{1}{6}=\frac{7}{2}$$

したがって，Y の期待値は

$$E(Y)=E(100X-300)=100E(X)-300=100\cdot\frac{7}{2}-300=\mathbf{50} \quad 答$$

教 p.107

2. ある種子の発芽率は 80 % であるという。この種子を 400 個まいたときに発芽する個数を X とする。X の期待値，標準偏差を求めよ。

指針 二項分布の期待値と標準偏差　反復試行と同じであるとみなせるから，X は二項分布に従う。

確率変数 X が二項分布 $B(n,\ p)$ に従うとき

期待値は　$E(X)=np$　　標準偏差は　$\sigma(X)=\sqrt{np(1-p)}$

解答 X は二項分布 $B(400,\ 0.8)$ に従う

X の期待値は　　　$E(X)=400\times0.8=320$

X の標準偏差は　　$\sigma(X)=\sqrt{400\times0.8\times(1-0.8)}=\sqrt{64}=8$

答　期待値 320，標準偏差 8

教 p.107

3. 正規分布 $N(m,\ \sigma^2)$ に従う確率変数 X に対して，確率
   $P(|X-m|>k\sigma)$ が次の値になるように，定数 k の値を定めよ。
   (1) 0.006　　　　　　　　　　(2) 0.242

指針 **正規分布と確率**　X を標準正規分布 $N(0,\ 1)$ に従う確率変数 Z に変換して，正規分布表を用いて調べる。

解答 X は正規分布 $N(m,\ \sigma^2)$ に従うから，$Z=\dfrac{X-m}{\sigma}$ は標準正規分布 $N(0,\ 1)$ に
従う。$X-m=\sigma Z$ より，$|X-m|>k\sigma$ のとき　$|\sigma Z|>k\sigma$
すなわち　$|Z|>k$　　よって　　$P(|X-m|>k\sigma)=P(|Z|>k)$
ここで，$k\leqq0$ とすると $P(|Z|>k)=1$ となるから　$k>0$
したがって　$P(|Z|>k)=1-P(|Z|\leqq k)=1-2P(0\leqq Z\leqq k)=1-2p(k)$
(1)　$1-2p(k)=0.006$ より　$p(k)=0.497$
　　　正規分布表より　$k\fallingdotseq\mathbf{2.75}$　**答**
(2)　$1-2p(k)=0.242$ より　$p(k)=0.379$
　　　正規分布表より　$k\fallingdotseq\mathbf{1.17}$　**答**

教 p.107

4. ある製品を作っている工場で不良品ができる確率は 0.02 であるという。この製品 2500 個の中に含まれる不良品の個数が 36 個以下である確率を求めよ。

指針 **二項分布の正規分布による近似**　不良品の個数を X とすると，X は二項分布に従う。X の期待値を m，標準偏差を σ として，$Z=\dfrac{X-m}{\sigma}$ とおくと，Z は近似的に標準正規分布 $N(0,\ 1)$ に従う。

解答 製品を取り出すことを 2500 回繰り返す反復試行とみなし，不良品を取り出す回数を X とすると，X は二項分布 $B(2500,\ 0.02)$ に従う。
　　　X の期待値 m と標準偏差 σ は
$$m=2500\times0.02=50\qquad \sigma=\sqrt{2500\times0.02\times0.98}=\sqrt{49}=7$$
よって，$Z=\dfrac{X-50}{7}$ は近似的に標準正規分布 $N(0,\ 1)$ に従う。

$X=0$ のとき　$Z=-\dfrac{50}{7}$　　　$X=36$ のとき　$Z=\dfrac{36-50}{7}=-2$

よって，求める確率は　$P(0\leqq X\leqq36)=P\left(-\dfrac{50}{7}\leqq Z\leqq-2\right)=P\left(2\leqq Z\leqq\dfrac{50}{7}\right)$

$P\left(0\leqq Z\leqq\dfrac{50}{7}\right)=p\left(\dfrac{50}{7}\right)\fallingdotseq0.5$ と考えてよいから

$$P\left(2 \leqq Z \leqq \frac{50}{7}\right) = p\left(\frac{50}{7}\right) - p(2) \fallingdotseq 0.5 - 0.4772 = \mathbf{0.0228} \quad \boxed{答}$$

5. 1000 人の生徒に数学の試験を実施したところ，その成績の分布は平均点 62 点，標準偏差 8 点の正規分布で近似された。成績が上位 100 番までの生徒の得点はおよそ何点以上か。小数点以下を切り捨てて答えよ。

指針 **得点と正規分布** 得点を X 点とすると，X は近似的に正規分布に従う。X を近似的に標準正規分布 $N(0, 1)$ に従う変数 Z に変換し，正規分布表を用いて調べる。

解答 得点を X 点とする。X は近似的に正規分布 $N(62, 8^2)$ に従うから，$Z = \dfrac{X-62}{8}$ は近似的に標準正規分布 $N(0, 1)$ に従う。

$P(Z \geqq u) = \dfrac{100}{1000} = 0.1$ を満たす u を求める。

$P(Z \geqq u) = 0.5 - P(0 \leqq Z \leqq u) = 0.5 - p(u)$

$0.5 - p(u) = 0.1$ より $p(u) = 0.4$

これを満たす u は，正規分布表より $u \fallingdotseq 1.28$

$Z = 1.28$ のとき $\dfrac{X-62}{8} = 1.28$

この不等式を解くと，$X = 1.28 \times 8 + 62$ より $X = 72.24$

よって，成績が上位 100 番までの生徒の得点は **72 点以上** $\boxed{答}$

6. 視聴率調査用のモニターテレビ 625 台について調査したところ，ある番組の視聴台数は 125 台であった。この番組の，視聴者全体における視聴率 p に対して，信頼度 95 ％の信頼区間を求めよ。

指針 **母比率の推定** 標本比率を R，標本の大きさを n とすると，母比率 p に対する信頼度 95 ％の信頼区間は

$$\left[R - 1.96\sqrt{\frac{R(1-R)}{n}}, \ R + 1.96\sqrt{\frac{R(1-R)}{n}}\right]$$

解答 標本比率 R は $R = \dfrac{125}{625} = 0.2$，標本の大きさは $n = 625$ であるから

$$1.96\sqrt{\frac{R(1-R)}{n}} = 1.96\sqrt{\frac{0.2 \times 0.8}{625}} = 1.96 \times 0.016 \fallingdotseq 0.031$$

よって，求める信頼区間は $[0.2 - 0.031, \ 0.2 + 0.031]$

すなわち **[0.169, 0.231]** $\boxed{答}$

7. ある2つの野球チーム A，B の年間の対戦成績は，A の25勝11敗であった。両チームの力に差があると判断してよいか。有意水準5％で検定せよ。また，有意水準1％で検定せよ。

指針 **両側検定** 判断したい主張は「両チームの力に差がある」，それに対する仮説は「両チームの力に差がない」であり，A が勝つ確率を p とすれば，それぞれ $p \neq 0.5$，$p = 0.5$ と表される。判断したい主張が「≠」で表されるときは両側検定を用いる。$p = 0.5$ のもとで A が勝つ回数を X とすると，X は二項分布 $B(36, 0.5)$ に従うから，標準正規分布 $N(0, 1)$ に従う確率変数 Z に変換し，$X = 25$ に対応する Z の値について調べる。

解答 A が勝つ確率を p とする。

両チームの力に差があるなら，$p \neq 0.5$ である。

ここで，「両チームの力に差がない」，すなわち $p = 0.5$ という仮説を立てる。

この仮説が正しいとすると，36回の対戦のうち A が勝つ回数 X は，二項分布 $B(36, 0.5)$ に従う。

X の期待値 m と標準偏差 σ は

$$m = 36 \times 0.5 = 18, \quad \sigma = \sqrt{36 \times 0.5 \times 0.5} = 3$$

よって，$Z = \dfrac{X-18}{3}$ は近似的に標準正規分布 $N(0, 1)$ に従う。

有意水準が5％のとき

正規分布表より $P(-1.96 \leq Z \leq 1.96) = 0.95$ であるから，有意水準5％の棄却域は　$Z \leq -1.96$ または $1.96 \leq Z$

$X = 25$ のとき $Z = \dfrac{25-18}{3} = 2.33\cdots\cdots$ であり，この値は棄却域に入るから，仮説は棄却できる。

すなわち，両チームの力に差があると **判断してよい。** 答

有意水準が1％のとき

正規分布表より $P(-2.58 \leq Z \leq 2.58) = 0.99$ であるから，有意水準1％の棄却域は　$Z \leq -2.58$ または $2.58 \leq Z$

$X = 25$ のとき $Z = \dfrac{25-18}{3} = 2.33\cdots\cdots$ であり，この値は棄却域に入らないから，仮説は棄却できない。

したがって，両チームの力に差があるとは **判断できない。** 答

第2章　章末問題B

教 p.108

8. 1個のさいころを4回投げて，k 回目に出た目が3の倍数のとき $X_k=1$ とし，3の倍数でないとき $X_k=0$ とする。
$X=X_1+X_2+X_3+X_4$ とするとき，X の期待値と分散および標準偏差を求めよ。

指針　**二項分布**　X はさいころを4回投げたときに3の倍数の目が出た回数を表すから，二項分布に従う。よって，二項分布の期待値と標準偏差を計算すればよい。

解答　X の値は X_1，X_2，X_3，X_4 のうち1の値をとるものの個数を表し，これは，1個のさいころを4回投げたときに，出た目が3の倍数になった回数を示している。

さいころを1回投げたとき，3の倍数の目が出る確率は

$\dfrac{2}{6}=\dfrac{1}{3}$ であるから，X は二項分布 $B\left(4,\ \dfrac{1}{3}\right)$ に従う。

X の期待値は　　　　　$E(X)=4\cdot\dfrac{1}{3}=\dfrac{4}{3}$

X の分散は　　　　　　$V(X)=4\cdot\dfrac{1}{3}\cdot\left(1-\dfrac{1}{3}\right)=\dfrac{8}{9}$

X の標準偏差は　　　　$\sigma(X)=\sqrt{V(X)}=\sqrt{\dfrac{8}{9}}=\dfrac{2\sqrt{2}}{3}$

图　期待値 $\dfrac{4}{3}$，分散 $\dfrac{8}{9}$，標準偏差 $\dfrac{2\sqrt{2}}{3}$

教 p.108

9. ある大学の入学試験は，入学定員400名に対し受験者数が2600名で，500点満点に対し平均点は285点，標準偏差は72点であった。得点の分布が正規分布で近似されるとみなすとき，合格最低点はおよそ何点か。小数点以下を切り捨てて答えよ。

指針　**正規分布の応用**　受験者の得点を X，合格最低点を a 点とすると

$P(X\geqq a)=\dfrac{400}{2600}$ が成り立つ。X を近似的に標準正規分布に従う変数 Z に変換し，$P(X\geqq a)=P(Z\geqq u)$ となる u の値をまず求める。

解答　受験者の得点を X とする。

X は近似的に正規分布 $N(285,\ 72^2)$ に従うとみなすから，

$Z=\dfrac{X-285}{72}$ は近似的に標準正規分布 $N(0,\ 1)$ に従う。

合格最低点を a 点とし，$u=\dfrac{a-285}{72}$ とすると

$P(X\geqq a)=P(Z\geqq u)=\dfrac{400}{2600}$ が成り立つ。

ここで，$P(Z\geqq u)=P(Z\geqq 0)-P(0\leqq Z\leqq u)=0.5-p(u)$ より

$\qquad 0.5-p(u)=\dfrac{400}{2600}\fallingdotseq 0.1538$

すなわち　$p(u)\fallingdotseq 0.5-0.1538=0.3462$

これを満たす u の値は，正規分布表より　$u\fallingdotseq 1.02$

このとき，$1.02\fallingdotseq\dfrac{a-285}{72}$ より　$a\fallingdotseq 358.44$

したがって，合格最低点は　　**358 点**　答

教 p.108

10. 大量の商品があり，そのうちの 5％ は模造品であるという。無作為に抽出した 1900 個の商品の中に含まれる模造品の率を R とする。R が 3.5％ 以上 6.5％ 以下である確率を求めよ。

指針　**標本比率と正規分布**　特性 A の母比率が p である母集団から抽出された大きさ n の無作為標本について，特性 A の標本比率 R は，n が大きいとき，近似的に正規分布 $N\left(p,\ \dfrac{p(1-p)}{n}\right)$ に従う。

確率変数 R を標準正規分布 $N(0,\ 1)$ に従う確率変数 Z に変換して，正規分布表を利用して考える。

解答　母比率を p とする。

$p=0.05$，$n=1900$ であるから

$\qquad \dfrac{p(1-p)}{n}=\dfrac{0.05\times 0.95}{1900}=0.000025=0.005^2$

よって，R は近似的に正規分布 $N(0.05,\ 0.005^2)$ に従うから，

$Z=\dfrac{R-0.05}{0.005}$ は近似的に標準正規分布 $N(0,\ 1)$ に従う。

$R=0.035$ のとき　　$Z=\dfrac{0.035-0.05}{0.005}=-3$

$R=0.065$ のとき　　$Z=\dfrac{0.065-0.05}{0.005}=3$

よって　　$P(0.035\leqq R\leqq 0.065)=P(-3\leqq Z\leqq 3)$

$\qquad\qquad\qquad\qquad\qquad\qquad =2P(0\leqq Z\leqq 3)=2p(3)$

$\qquad\qquad\qquad\qquad\qquad\qquad =2\times 0.49865=\textbf{0.9973}$　答

11. ある政党の支持率は約 40 % であると予想されている。この支持率を，信頼区間の幅が 4 % 以下となるように推定したい。信頼度 95 % で推定するには，何人以上を抽出して調べればよいか。

指針 **母比率の推定** 標本の大きさを n，標本比率を R とすると，母比率 p に対する信頼度 95 % の信頼区間は

$$\left[R - 1.96\sqrt{\frac{R(1-R)}{n}}, \ R + 1.96\sqrt{\frac{R(1-R)}{n}} \right]$$

信頼区間が $[A, \ B]$ であるとき，信頼区間の幅とは $B-A$ のことである。

解答 標本の大きさを n，標本比率を R とすると，信頼度 95 % の信頼区間の幅は

$$\left(R + 1.96\sqrt{\frac{R(1-R)}{n}} \right) - \left(R - 1.96\sqrt{\frac{R(1-R)}{n}} \right) = 2 \times 1.96\sqrt{\frac{R(1-R)}{n}}$$

したがって $2 \times 1.96\sqrt{\dfrac{0.4 \times 0.6}{n}} \leqq 0.04$

となる自然数 n の値の範囲を求めればよい。

$$\sqrt{\frac{0.4 \times 0.6}{n}} \leqq \frac{0.04}{2 \times 1.96}$$

$$\frac{0.4 \times 0.6}{n} \leqq \left(\frac{0.04}{2 \times 1.96} \right)^2$$

$$0.4 \times 0.6 \div \left(\frac{0.04}{2 \times 1.96} \right)^2 \leqq n$$

これを解いて $n \geqq 2304.96$

よって，**2305 人以上** を抽出して調べればよい。 答

12. 内容量 300 g と表示されている大量の缶詰から，無作為に 100 個を取り出し重さを量ったところ，平均値が 298.6 g，標準偏差が 7.4 g であった。全製品の 1 缶あたりの平均内容量は，表示より少ないと判断してよいか。有意水準 5 % で検定せよ。

指針 **片側検定** 全製品の 1 缶あたりの平均内容量，すなわち，母平均を m g とすると，判断したい主張は「$m < 300$」であり，それに対する仮説は「$m = 300$」である。判断したい主張が「$<$」で表されるから片側検定を用いる。また，$m = 300$ のもとで，標本平均 $\overline{X}$ は $N\left(300, \ \dfrac{7.4^2}{100} \right)$ に従うとみなせることを利用する。

解答 全製品の 1 缶あたりの平均内容量，すなわち，母平均を m g とする。平均内容量が表示より少ないならば，$m < 300$ である。ここで，「平均内容量は表示の通りである」，すなわち $m = 300$ という仮説を立てる。この仮説が正しいと

し，無作為抽出した 100 個の標本平均を $\overline{X}$ g とすると，$\overline{X}$ は近似的に正規分布 $N\left(300, \dfrac{7.4^2}{100}\right)$ に従う。

$\dfrac{7.4^2}{100}=0.74^2$ であるから，$Z=\dfrac{\overline{X}-300}{0.74}$ は近似的に標準正規分布 $N(0, 1)$ に従う。

正規分布表より $P(-1.64 \leqq Z \leqq 0)=0.45$ であるから，有意水準 5% の棄却域は
$$Z \leqq -1.64$$

$\overline{X}=298.6$ のとき $Z=\dfrac{298.6-300}{0.74}=-1.89\cdots\cdots$ であり，

この値は棄却域に入るから，仮説は棄却できる。

すなわち，1 缶あたりの平均内容量は表示より少ないと **判断してよい。** 答

補足 母平均 m，母標準偏差 σ の母集団から抽出された大きさ n の無作為標本の標本平均 $\overline{X}$ は，n が大きいとき，近似的に正規分布 $N\left(m, \dfrac{\sigma^2}{n}\right)$ に従うとみなせる。

第**3**章 | 数学と社会生活

1 数学を活用した問題解決

まとめ

数学を活用した考察の方法

　日常生活における問題や社会問題を考えるとき，数学を活用して考察することが問題解決に役立つ場合がある。その場合，次のような手順で進めることが多い。

1 　状況や問題に関して，仮定を立てて理想化したり単純化したりして，数学的に分析しやすくし，数式などを用いて状況や問題を表現する。

2 　1で表現したことについて，数学を活用して解を求めて結果を得る。

3 　2で得られた結果が適切かどうかを考察する。必要に応じて，1で設定した仮定を変えるなどして再度分析する。

A 数学を活用した考察の方法

教 p.112

練習1
地球の中心を O とする。教科書 112 ページの問題について，次の問いに答えよ。

(1) x が最大となるように P の位置を定めるとき，∠OPT を求めよ。

(2) x の最大値を求めよ。ただし，小数第1位を四捨五入し，整数で答えよ。

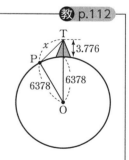

指針 **図形の性質の利用**

(1) T が P から見えるためには，∠OPT の大きさについてどのような条件が必要かを考える。

解答 (1) ∠OPT が鋭角のとき，PT は円 O と交わるので，T は P からは見えない。

　　　　よって　∠OPT ≧ 90° ……　①

　　　また，P が T に近いとき ∠OPT は鈍角であり，P が離れるにつれて ∠OPT の大きさは減少する。一方，P が離れるにつれて PT，すなわち x は増加するので，①より，x が最大となるように P の

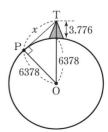

位置を定めると　∠OPT＝90°　答

(2) (1)の場合の△OPT において，三平方の定理により

$$x=\sqrt{OT^2-OP^2}$$
$$=\sqrt{(6378+3.776)^2-6378^2}$$
$$=\sqrt{12759.776\times3.776}$$
$$=219.5\cdots\cdots$$

よって，求める x の最大値は　**220**　答

補足 (1)において，∠OPT＝90° であるから，直線 TP は円 O の接線である。

教 p.113

練習 2

教科書 111 ページの仮定[1]，[3]，[4]，および教科書 113 ページの仮定[2′]がすべて成り立つとする。富士山の山頂を見ることができる場所 P′ の標高を 0.9 km とし，線分 TP′ の長さを x' km とするとき，x' の最大値を求めよ。ただし，小数第 1 位を四捨五入し，整数で答えよ。

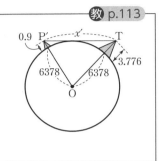

指針 **図形の性質の利用**　練習 1 での考察をもとに考えるとよい。地上にある点 P から T が見えるとき，PT が最大になるのは ∠OPT＝90° のときであり，点 P′ はこのときの直線 TP の延長線上にあることになる。

解答 x' が最大となるのは，練習 1 の(1)で定めた点 P に対して，右の図のように，P′ が直線 TP の延長線上にあるときである。

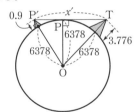

よって，△OPP′ と△OPT において，三平方の定理により

$$x'=P'P+PT$$
$$=\sqrt{OP'^2-OP^2}+\sqrt{OT^2-OP^2}$$
$$=\sqrt{(6378+0.9)^2-6378^2}+\sqrt{(6378+3.776)^2-6378^2}$$
$$=\sqrt{12756.9\times0.9}+\sqrt{12759.776\times3.776}$$
$$=326.6\cdots\cdots$$

よって，求める x' の最大値は　**327**　答

B 利益の予測

教 p.115

練習 3

焼きそば 1 個の価格が 20 円上がると，販売数は 40 個減ると仮定する。また，焼きそば 1 個の価格が 200 円のときの販売数を 360 個と仮定する。このとき，焼きそば 1 個の価格を x 円，販売数を y 個として，y を x の式で表せ。

指針 **1 次関数の利用** 1 個の価格が 20 円上がると販売数は 40 個減るから，y は x の 1 次関数であり，変化の割合は $\dfrac{-40}{20} = -2$ である。これと，$x = 200$ のとき $y = 360$ であることから式を求める。

解答 焼きそば 1 個の価格が 20 円上がると，販売数は 40 個減ると仮定するから，y は x の 1 次関数であり，その変化の割合は $\dfrac{-40}{20} = -2$

よって，求める式は $y = -2x + b$ とおける。$x = 200$ のとき $y = 360$ であるから

$$360 = -2 \times 200 + b \qquad b = 760$$

したがって **$y = -2x + 760$** 圏

教 p.115

練習 4

練習 3 の仮定から求められる全体の利益を $f(x)$ 円とする。
1. 焼きそば 1 個あたりの利益を x を用いて表せ。
2. (1)と練習 3 の結果を用いて，$f(x)$ を x の式で表せ。
3. 全体の利益 $f(x)$ が最大となるときの焼きそば 1 個の価格を求めよ。また，そのときの焼きそばの販売数を求めよ。

指針 **2 次関数の利用**
1. (1 個あたりの価格)$-$(1 個あたりの費用)
2. (全体の利益)$=$(1 個あたりの利益)$\times$(販売数)
3. (2)で求めた 2 次関数の式 $f(x)$ を平方完成して，$f(x)$ が最大となるときの x の値 (焼きそば 1 個の価格) を求める。これを練習 3 で求めた式に代入すれば販売数を求めることができる。

解答 (1) 1 個あたりの利益は，1 個あたりの価格から 1 個あたりの費用 50 円を引いた金額であるから

$$x - 50 \,(円) \quad 圏$$

(2) 全体の利益 $f(x)$ は，(1 個あたりの利益)$\times$(販売数) であるから，(1)および練習 3 の結果から

$$f(x) = (x - 50)(-2x + 760)$$
$$= -2x^2 + 860x - 38000 \quad 圏$$

(3) (2)より
$$f(x) = -2x^2 + 860x - 38000$$
$$= -2(x^2 - 430x) - 38000$$
$$= -2(x - 215)^2 + 2 \cdot 215^2 - 38000$$
$$= -2(x - 215)^2 + 54450$$

よって，$f(x)$ は $x = 215$ で最大となる。
すなわち，全体の利益が最大となるときの
焼きそば1個の価格は **215円** 答
　このときの焼きそばの販売数は
　$-2 \times 215 + 760 = 330$ (個) 答

> 2次関数の最大・最小は平方完成して求めよう。

教 p.115

練習 5 右の表を用いて，焼きそば1個の価格が200円未満の場合の利益について考察せよ。その際，練習3のような仮定を，自分で適当に設定してよい。

焼きそば1個の価格 (円)	販売数 (個)
190	420
180	439

指針 **関数の利用** まず，焼きそば1個の価格を x 円として，練習3と同様に，販売数が x の1次関数となるように設定する。次に，練習4と同様にして，全体の利益を x の2次関数で表す。ここで，問題文より，$x < 200$，すなわち $x \leqq 199$ であることに注意する。

解答 (例) 焼きそば1個の価格が10円上がると，販売数は20個減ると仮定する。また，焼きそば1個の価格が180円のときの販売数を440個と仮定する。
このとき，焼きそば1個の価格を x 円，販売数を y 個とすると，y は x の1次関数であり，変化の割合は $\dfrac{-20}{10} = -2$

よって，$y = -2x + b$ とおけ，$x = 180$ のとき $y = 440$ であるから
　　$440 = -2 \times 180 + b$　　$b = 800$
したがって　$y = -2x + 800$
よって，全体の利益 $f(x)$ は
$$f(x) = (x - 50)(-2x + 800) = -2x^2 + 900x - 40000$$
$$= -2(x^2 - 450x) - 40000 = -2(x - 225)^2 + 2 \cdot 225^2 - 40000$$
$$= -2(x - 225)^2 + 61250$$

x が200未満の整数のとき，$x \leqq 199$ であるから，$f(x)$ は $x = 199$ で最大となる。
すなわち，全体の利益が最大となるときの焼きそば1個の価格は
　　　　　　　　199円 終

参考 本問においては，利益の最大値は 59898 ($x=199$ のとき) であり，練習 4 においては，利益の最大値は 54450 ($x=215$ のとき) となっている。このことと，教科書 *p.*115 の 19 行目～ 22 行目のことを考え合わせれば，焼きそば 1 個の価格を 200 円未満に設定する方が利益が大きくなる可能性があることも考慮した方がよいといえる。

C 電球の使用時間と費用

教 p.116

練習 6　教科書 116 ページにおいて，電球を 30 日だけ使用する場合，3 種類の電球のそれぞれについてかかる費用を求めよ。また，その結果をもとに，どの電球を購入すればよいか答えよ。

指針 **電球の使用時間と費用**　使用時間の合計は $10\times30=300$ (時間) であるから，いずれも 1 個で済む。したがって，かかる費用はいずれについても

(1 個の値段)＋(1 日の電気代)×30 で求められる。

解答 各電球は 1 日に 10 時間使用するから，30 日間では

　　　$10\times30=300$ (時間) 使用する。

よって，どの電球を購入しても 1 個あれば 30 日間使用できる。

LED 電球を購入するときにかかる費用は

　　　$1500+1.89\times30=\mathbf{1556.7}$ (円)　答

電球型蛍光灯を購入するときにかかる費用は

　　　$700+2.97\times30=\mathbf{789.1}$ (円)　答

白熱電球を購入するときにかかる費用は

　　　$200+16.20\times30=\mathbf{686}$ (円)　答

したがって，白熱電球を使用するときにかかる費用が最も安いから，**白熱電球** を購入すればよい。　答

練習 7

電球型蛍光灯，LED 電球のそれぞれについて，使用時間が 6000 時間以下の場合について，使用時間と費用の関係をそれぞれグラフで表し，それを白熱電球に関するグラフに重ねてかけ。

指針 **電球の使用時間と費用のグラフ** それぞれの電球について，時間 x のときの費用を y として，y を x の式で表し，横軸を x 軸，縦軸を y 軸とみてグラフをかく。使用時間が 6000 時間以下であるから，どちらの電球についてもそれぞれ 1 つの式で表せる。

解答 時間 x のときの費用を y とし，横軸を x 軸，縦軸を y 軸とみる。x の変域は $0 < x \leqq 6000$ …… ① である。

電球型蛍光灯のグラフは，①においては，傾きが $\dfrac{2.97}{10} = 0.297$，y 切片が 700 の直線であり，

$y = 0.297x + 700$ と表される。同様にして，LED 電球のグラフは，①においては直線 $y = 0.189x + 1500$ となる。したがって，2 つの電球のグラフを白熱電球のグラフに重ねてかくと，右の図のようになる。

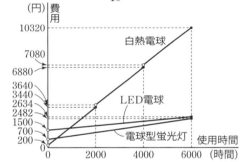

練習 8

教科書 116 ページの問題について，次の問いに答えよ。

(1) 電球を 600 日使用する場合，どの電球を購入すればよいか答えよ。

(2) 電球の使用時間によって，どの電球を購入するのがよいかを考察せよ。

指針 **グラフを利用した考察**

(1) 使用時間は $10 \times 600 = 6000$ (時間) であるから，練習 7 でかいたグラフが利用できる。

(2) 練習 7 でかいたグラフに $x > 6000$ の部分を補い，そのうえで，どの区間でどのグラフが最も下にあるかを確認するとよい。

解答 (1)　各電球は 1 日に 10 時間使用するから，600 日間では $10 \times 600 = 6000$ (時間)
使用する。練習 7 でかいたグラフより，6000 時間における費用は，電球型
蛍光灯が最も安い。よって，**電球型蛍光灯** を購入すればよい。　　**答**

(2)　時間 x における LED 電球，電球型蛍光灯，白熱電球の費用をそれぞれ
$f(x)$，$g(x)$，$h(x)$ とする。

横軸を x 軸，縦軸を y
軸とし，練習 7 のグラフ
に $x>6000$ の部分を少し
補うと，右の図 1 のよう
になる。

この図から，$g(x)=h(x)$
となるのは $0<x<2000$
のときであり，このとき，
　$g(x)=0.297x+700$，
$h(x)=1.620x+200$ である。

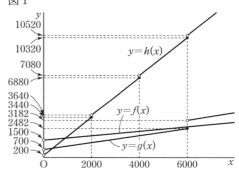
図 1

$g(x)=h(x)$ より　$0.297x+700=1.620x+200$

これを解くと　$x=\dfrac{500}{1.323}≒378$

また，$x=6000$ の前後で $f(x)$ と $g(x)$ の大小関係が変わる。

ここで，図 1 のグラフの $x>6000$ の部分を $y=f(x)$ と $y=g(x)$ についてかく
と，次の図 2 のようになる。

図 2

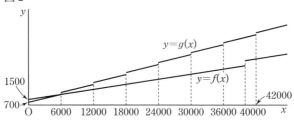

図 1，図 2 から，$x>6000$ において $f(x)$，$g(x)$，$h(x)$ の大小関係は変わらな
いことがわかる。

以上から　　0$<x≦378$ のとき　　　　$h(x)$ が最小
　　　　　　$378≦x≦6000$ のとき　　　$g(x)$ が最小
　　　　　　$6000<x$ のとき　　　　　$f(x)$ が最小

よって

　　　378 時間以下使用するときは白熱電球，

　　　378 時間以上 6000 時間以下使用するときは電球型蛍光灯，

6000 時間より長く使用するときは LED 電球
を購入するのがよい。 答

D シェアサイクルの自転車の推移

練習
9

教科書 119 ページの [1]，[2] の仮定のもと，n 日目終了後の A，B
にある自転車の，総数に対する割合を，それぞれ a_n，b_n とする。
1 日目開始前の A，B にある自転車の台数の割合を，それぞれ a，
b とする。ただし，a，b は $0 \leqq a \leqq 1$，$0 \leqq b \leqq 1$，$a+b=1$ を満たす
実数である。

(1) a_1，b_1 を a，b を用いてそれぞれ表せ。

(2) a_{n+1}，b_{n+1} は，a_n，b_n を用いて次のように表すことができる。
次のア〜エに当てはまる数を答えよ。
$$a_{n+1}= \boxed{\ \text{ア}\ } a_n + \boxed{\ \text{イ}\ } b_n,\quad b_{n+1}= \boxed{\ \text{ウ}\ } a_n + \boxed{\ \text{エ}\ } b_n$$

(3) $a=0.8$，$b=0.2$ のとき，a_3，b_3 を求めよ。

指針 **連立漸化式の立式** 仮定 [1]，[2] を図に表すと下のようになる。

(1)，(2)は上のような推移図を参照しながら考えるとよい。

(3)は，(1)，(2)の結果を利用して，a，$b \to a_1$，$b_1 \to a_2$，$b_2 \to a_3$，b_3 と求めてい
けばよい。

解答 (1) 1 日目開始前の A，B にある自転車の台数の割合は，それぞれ a，b であ
る。
1 日目終了後の A にある自転車の台数の割合 a_1 は，A から貸し出され A
に返却された自転車の台数の割合と B から貸し出され A に返却された自
転車の台数の割合との和である。
よって $a_1 = 0.7a + 0.4b$ 答
1 日目終了後の B にある自転車の台数の割合 b_1 は，A から貸し出され B
に返却された自転車の台数の割合と B から貸し出され B に返却された自転
車の台数の割合との和である。
よって $b_1 = 0.3a + 0.6b$ 答

(2) (1)と同様に考えると
$$a_{n+1} = 0.7a_n + 0.4b_n,\quad b_{n+1} = 0.3a_n + 0.6b_n$$

答 ア…0.7, イ…0.4, ウ…0.3, エ…0.6

(3) $a=0.8$, $b=0.2$ のとき, (1), (2)より

$a_1=0.7a+0.4b=0.7\times0.8+0.4\times0.2=0.64$

$b_1=0.3a+0.6b=0.3\times0.8+0.6\times0.2=0.36$

$a_2=0.7a_1+0.4b_1=0.7\times0.64+0.4\times0.36=0.592$

$b_2=0.3a_1+0.6b_1=0.3\times0.64+0.6\times0.36=0.408$

したがって

$a_3=0.7a_2+0.4b_2=0.7\times0.592+0.4\times0.408=\mathbf{0.5776}$ 答

$b_3=0.3a_2+0.6b_2=0.3\times0.592+0.6\times0.408=\mathbf{0.4224}$ 答

練習 10

教 p.120

a, b の値を変化させたとき, n が大きくなるにつれて, a_n, b_n の値がどのようになるかを, 練習 9 で考えた関係式やコンピュータなどを用いて考察せよ。

指針 **数列が近づく値** $0\leqq a\leqq1$, $0\leqq b\leqq1$, $a+b=1$ を満たす a, b の組を何組か設定し, それらの値に対して, 練習 9 の(1), (2)で求めた式を利用して, (a_1, b_1), (a_2, b_2), (a_3, b_3), ……の値を次々と求めていく。コンピュータなどを利用して計算するとよい。

解答 練習 9 の(1), (2)で求めた

$a_1=0.7a+0.4b$, $b_1=0.3a+0.6b$

$a_{n+1}=0.7a_n+0.4b_n$, $b_{n+1}=0.3a_n+0.6b_n$

を用いて, n を大きくしたときに a_n, b_n が近づく値をコンピュータを用いて計算する。

たとえば, $[1]a=0.8$, $b=0.2$, $[2]a=0.4$, $b=0.6$ として, a_n, b_n の値を計算すると, 次の表のようになる。

[1] $a=0.8$, $b=0.2$

	a_n	b_n
$n=1$	0.64	0.36
$n=2$	0.592	0.408
$n=3$	0.5776	0.4224
$n=4$	0.57328	0.42672
$n=5$	0.571984	0.428016
$n=6$	0.571595	0.428405
$n=7$	0.571479	0.428521
$n=8$	0.571444	0.428556
$n=9$	0.571433	0.428567
$n=10$	0.571430	0.428570
⋮	⋮	⋮

[2] $a=0.4$, $b=0.6$

	a_n	b_n
$n=1$	0.52	0.48
$n=2$	0.556	0.444
$n=3$	0.5668	0.4332
$n=4$	0.57004	0.42996
$n=5$	0.571012	0.428988
$n=6$	0.571304	0.428696
$n=7$	0.571391	0.428609
$n=8$	0.571417	0.428583
$n=9$	0.571425	0.428575
$n=10$	0.571428	0.428572
⋮	⋮	⋮

前の表から，n が大きくなるにつれて，a_n，b_n はある値に近づいていくことがわかる。

また，その値は，a，b の値によらず一定である。　終

参考　$a_{n+1}=0.7a_n+0.4b_n$　……　①

$b_{n+1}=0.3a_n+0.6b_n$　……　②

とする。

①＋②より

$a_{n+1}+b_{n+1}=a_n+b_n$

したがって，数列 $\{a_n+b_n\}$ は定数であり，その値は初項 a_1+b_1 に等しいので，

$a_n+b_n=a_1+b_1=(0.7a+0.4b)+(0.3a+0.6b)$

$=a+b=1$

よって，$b_n=1-a_n$　……　③　を①に代入すると

$a_{n+1}=0.7a_n+0.4(1-a_n)$

整理すると　$a_{n+1}=\dfrac{3}{10}a_n+\dfrac{4}{10}$

漸化式を変形すると　$a_{n+1}-\dfrac{4}{7}=\dfrac{3}{10}\left(a_n-\dfrac{4}{7}\right)$

よって，数列 $\left\{a_n-\dfrac{4}{7}\right\}$ は公比 $\dfrac{3}{10}$ の等比数列で，初項は

$a_1-\dfrac{4}{7}=\dfrac{7}{10}a+\dfrac{2}{5}b-\dfrac{4}{7}$

したがって

$a_n-\dfrac{4}{7}=\left(\dfrac{7}{10}a+\dfrac{2}{5}b-\dfrac{4}{7}\right)\cdot\left(\dfrac{3}{10}\right)^{n-1}$

ゆえに，数列 $\{a_n\}$ の一般項 a_n は

$a_n=\left(\dfrac{7}{10}a+\dfrac{2}{5}b-\dfrac{4}{7}\right)\cdot\left(\dfrac{3}{10}\right)^{n-1}+\dfrac{4}{7}$　……　④

したがって，③，④より

$b_n=1-a_n=1-\left\{\left(\dfrac{7}{10}a+\dfrac{2}{5}b-\dfrac{4}{7}\right)\cdot\left(\dfrac{3}{10}\right)^{n-1}+\dfrac{4}{7}\right\}$

$=\left(\dfrac{4}{7}-\dfrac{7}{10}a-\dfrac{2}{5}b\right)\cdot\left(\dfrac{3}{10}\right)^{n-1}+\dfrac{3}{7}$　……　⑤

実は，$|r|<1$ のとき，r^n は n が大きくなるにつれて 0 に近づくことが知られている。したがって，④，⑤において，$\left(\dfrac{3}{10}\right)^{n-1}=\dfrac{10}{3}\cdot\left(\dfrac{3}{10}\right)^n$ は 0 に近づくので，n が大きくなるにつれて，a_n，b_n はそれぞれ $\dfrac{4}{7}$，$\dfrac{3}{7}$ に近づく。

一般に，数列 $\{x_n\}$ において，n が限りなく大きくなるにつれて，x_n が一定の値 α に限りなく近づくとき，数列 $\{x_n\}$ は α に収束するといい，α を数列 $\{x_n\}$ の

極限値という。本問の数列 $\{a_n\}$，$\{b_n\}$ の極限値はそれぞれ $\dfrac{4}{7}$，$\dfrac{3}{7}$ である。詳しくは数学Ⅲで学習することになる。

練習 11　A，B で合計 42 台の自転車を貸し出すことを考える。1 日目開始前の A，B にある自転車の台数をそれぞれ 24 台，18 台とする。このとき，n 日目終了後の A，B にある自転車の台数を求めよ。また，この結果は何を表しているか答えよ。

指針　**漸化式を用いた考察**　$a=\dfrac{24}{42}=\dfrac{4}{7}$，$b=\dfrac{18}{42}=\dfrac{3}{7}$ であり，練習 9 の(1)の式を用いれば $a_1=\dfrac{4}{7}$，$b_1=\dfrac{3}{7}$ となることがわかる。このことから，同様にして $a_n=\dfrac{4}{7}$，$b_n=\dfrac{3}{7}$ となることが予想できるから，これが正しいことを数学的帰納法によって示す。

解答　$a=\dfrac{24}{42}=\dfrac{4}{7}$，$b=\dfrac{18}{42}=\dfrac{3}{7}$ より，練習 9 の(1)の式を用いれば

$$a_1=0.7a+0.4b=\frac{7}{10}\cdot\frac{4}{7}+\frac{4}{10}\cdot\frac{3}{7}=\frac{4}{7}$$
$$b_1=0.3a+0.6b=\frac{3}{10}\cdot\frac{4}{7}+\frac{6}{10}\cdot\frac{3}{7}=\frac{3}{7}$$

このことから，すべての自然数 n に対して

$$a_n=\frac{4}{7}\ \cdots\cdots\ ①,\quad b_n=\frac{3}{7}\ \cdots\cdots\ ②$$

となると推測できる。これが正しいことを数学的帰納法で証明する。

[1]　$n=1$ のとき①，②は成り立つ。

[2]　$n=k$ のとき①，②が成り立つ，すなわち $a_k=\dfrac{4}{7}$，$b_k=\dfrac{3}{7}$

であるとすると，練習 9 の(2)の漸化式を用いて

$$a_{k+1}=0.7a_k+0.4b_k=\frac{4}{7},\quad b_{k+1}=0.3a_k+0.6b_k=\frac{3}{7}$$

よって，$n=k+1$ のときも①，②が成り立つ。

[1]，[2]から，すべての自然数 n について①，②が成り立つ。
したがって，n 日目終了後の A，B にある自転車の台数はそれぞれ

$$42\times\frac{4}{7}=24(台),\quad 42\times\frac{3}{7}=18(台)\quad 答$$

となる。よって，**A，B にある自転車の台数がそれぞれ常に 24 台，18 台であること** を表している。　答

練習 12	A，Bで合計42台の自転車を貸し出すとき，Aの最大収容台数を，次の手順①，②，③で考察せよ。

① 教科書119ページの仮定[2]の割合を，次の表のようにAに返却される台数が最も多いときの割合に変更する。

	Aに返却	Bに返却
Aから貸出	0.9	0.1
Bから貸出	0.6	0.4

←社会実験の結果のうち，Aに返却される台数が最も多いときの割合

② 練習9と同様に，a_n，b_nについての関係式を立てる。

③ ②を用いてa_n，b_nの値の変化を調べ，Aの最大収容台数を求める。

また，教科書119ページの仮定[2]の割合を，社会実験の結果のうち，Bに返却される台数が最も多いときの割合に変更して，Bの最大収容台数を求めよ。

※「社会実験」の言葉の意味については，教科書119ページの問題文，およびページ下部の注釈を参照

指針 **連立漸化式の立式，数列が近づく値**

手順①，②…練習9と同様にして，a_1，b_1を求める式，および漸化式を立式する。

手順③…練習10と同様にしてa_n，b_nの値を計算し，a_nの近づく値を求める。その値をαとすれば，Aの最大収容台数は$42 \times \alpha$で求めることができる。

Bの最大収容台数についても同様の手順で行う。

解答 1日目開始前のA，Bにある自転車の台数の割合を，それぞれa，b（$a+b=1$）とし，n日目終了後のA，Bにある自転車の，総数に対する割合をそれぞれa_n，b_nとする。

[Aの最大収容台数について]

手順①，②

練習9の(1)，(2)と同様に考えると

$$a_1=0.9a+0.6b, \quad b_1=0.1a+0.4b$$
$$a_{n+1}=0.9a_n+0.6b_n, \quad b_{n+1}=0.1a_n+0.4b_n$$

Ⓐ

手順③

手順①，②で求めた式を用いて，a_n，b_nの値をコンピュータ等を用いて順に計算すると，a，bの値によらず，a_nの近づく値は
0.857142……（b_nの近づく値は0.142857……）となる。

よって，A の最大収容台数は 42×0.857142……≒36(台) 答

[B の最大収容台数について]

教科書 *p*.119 の仮定[2]の割合を，B に返却される台数が最も多いときの割合に変更すると，右の表のようになる。

	A に返却	B に返却
A から貸出	0.5	0.5
B から貸出	0.2	0.8

手順①，②

$$a_1=0.5a+0.2b, \quad b_1=0.5a+0.8b$$
$$a_{n+1}=0.5a_n+0.2b_n, \quad b_{n+1}=0.5a_n+0.8b_n$$ Ⓑ

手順③

手順①，②で求めた式を用いて，a_n，b_n の値を順に計算すると，a，b の値によらず，b_n の近づく値は 0.714285……（a_n の近づく値は 0.285714……）となる。

よって，B の最大収容台数は 42×0.714285……≒30(台) 答

参考 数列 $\{a_n\}$，$\{b_n\}$ の初項 a_1，b_1 と漸化式がⒶ，Ⓑのように与えられているとき，それぞれの場合において，一般項 a_n，b_n は次のようになる。

Ⓐのとき　$a_n=\left(\dfrac{9}{10}a+\dfrac{3}{5}b-\dfrac{6}{7}\right)\cdot\left(\dfrac{3}{10}\right)^{n-1}+\dfrac{6}{7}$

$b_n=\left(\dfrac{6}{7}-\dfrac{9}{10}a-\dfrac{3}{5}b\right)\cdot\left(\dfrac{3}{10}\right)^{n-1}+\dfrac{1}{7}$

Ⓑのとき　$a_n=\left(\dfrac{1}{2}a+\dfrac{1}{5}b-\dfrac{2}{7}\right)\cdot\left(\dfrac{3}{10}\right)^{n-1}+\dfrac{2}{7}$

$b_n=\left(\dfrac{2}{7}-\dfrac{1}{2}a-\dfrac{1}{5}b\right)\cdot\left(\dfrac{3}{10}\right)^{n-1}+\dfrac{5}{7}$

n が大きくなるにつれて，$\left(\dfrac{3}{10}\right)^{n-1}$ は 0 に近づくから，

Ⓐのとき，a_n，b_n はそれぞれ $\dfrac{6}{7}$，$\dfrac{1}{7}$ に近づき，Ⓑのとき，a_n，b_n はそれぞれ $\dfrac{2}{7}$，$\dfrac{5}{7}$ に近づく。

3 章 数学と社会生活

2 社会の中にある数学

1 選挙における議席配分
議席を割り振る方法は，最大剰余方式やアダムズ方式などがある。

2 トリム平均
データを値の大きさの順に並べたときに，データの両側から同じ個数だけ除外した後でとる平均のことを **トリム平均** または **調整平均** という。
データの両側から個数の x %ずつ除外した後でとる平均を x %トリム平均と呼ぶこともある。

A 選挙における議席配分

練習 13　教 p.123

教科書 122 ページの問題について，各選挙区に最大剰余方式で議席を割り振れ。

指針 **最大剰余方式による議席配分**　実質的には教科書 *p.*123 の前半で示されている作業の続きを行うことになる。最大剰余方式の手順③に従い，小数点以下の値をもとに，残りの 2 議席を割り振る。

解答　各選挙区の人口を $d=\dfrac{140000}{15}$ $(=9333.33\cdots\cdots)$ で割った値は

第 1 選挙区　5.357……　　第 2 選挙区　3.75
第 3 選挙区　3.428……　　第 4 選挙区　2.464……

となる。小数点以下を切り捨てれば，各選挙区に割り振る議席は順に
5，3，3，2 であり，その和は 13 であるから，2 議席が余る。
ここで，各選挙区の人口を d で割った値について，小数点以下を切り捨てた値は順に 0.357……，0.75，0.428……，0.464……であるから，残りの 2 議席は第 2 選挙区と第 4 選挙区に割り振ればよい。
よって，各選挙区への議席数の割り振りは，順に　　5，4，3，3　答

練習 14　教 p.123

教科書 122 ページの問題で議席総数を 16 としたとき，各選挙区に最大剰余方式で議席を割り振れ。また，練習 13 の結果と比べて，気づいたことを答えよ。

指針 **最大剰余方式による議席配分**　教科書 *p.*123 の前半，および練習 13 と同様の作業を行えばよい。また，各選挙区の議席数が練習 13 の結果からどのように変化しているかを比べてみるとよい。

解答 総人口 140000 人を議席総数 16 で割った値 d は

$$d=\frac{140000}{16}(=8750)$$

各選挙区の人口を d で割った値は

第 1 選挙区　$50000\div d=50000\times\dfrac{16}{140000}=\dfrac{40}{7}=5.714\cdots\cdots$

第 2 選挙区　$35000\div d=35000\times\dfrac{16}{140000}=4$

第 3 選挙区　$32000\div d=32000\times\dfrac{16}{140000}=\dfrac{128}{35}=3.657\cdots\cdots$

第 4 選挙区　$23000\div d=23000\times\dfrac{16}{140000}=\dfrac{92}{35}=2.628\cdots\cdots$

となり，各値の小数点以下を切り捨てた値は 5，4，3，2 で，その和は 14 であるから，2 議席が余る。

各選挙区の人口を d で割った値について，切り捨てた値は順に $0.714\cdots\cdots$，0，$0.657\cdots\cdots$，$0.628\cdots\cdots$ であるから，残りの 2 議席は第 1 選挙区と第 3 選挙区に割り振ればよい。

よって，各選挙区への議席数の割り振りは，順に　　6，4，4，2　答

また，練習 13 の結果と比べると，たとえば次のようなことがわかる。

・議席総数を増やしたにもかかわらず，第 4 選挙区の議席数が減っている。

・議席総数が変わると，切り捨てた値の大きさが変わるため，残りの議席を割り振る選挙区も変わる。　終

教 p.125

練習 15 教科書 122 ページの問題で，議席総数を 16 としたとき，各選挙区にアダムズ方式で議席を割り振れ。

指針 **アダムズ方式による議席配分**　教科書 $p.125$ の例 1 と同様の作業を行えばよい。議席総数が 16 なので，練習 14 において計算した結果を利用するとよい。

解答 ①　総人口を議席総数で割ると　$d=\dfrac{140000}{16}(=8750)$

②　各選挙区の人口をそれぞれ d で割ると

第 1 選挙区　$5.714\cdots\cdots$　　第 2 選挙区　4

第 3 選挙区　$3.657\cdots\cdots$　　第 4 選挙区　$2.628\cdots\cdots$

小数点以下を切り上げて整数にすると

第 1 選挙区　6　　　　　第 2 選挙区　4

第 3 選挙区　4　　　　　第 4 選挙区　3

③　②の結果，議席数の合計は 17 となり議席総数より多くなってしまう。

そこで，$d'=10000$ として再度手順②の計算を行うと

第1選挙区　$50000÷d'=5$
第2選挙区　$35000÷d'=3.5$
第3選挙区　$32000÷d'=3.2$
第4選挙区　$23000÷d'=2.3$

この計算結果の小数点以下を切り上げて整数にすると

第1選挙区　5　　　　　　第2選挙区　4
第3選挙区　4　　　　　　第4選挙区　3

④　この値の合計は 16 となるから，この値を議席数とすればよい。

よって，各選挙区への議席数の割り振りは，順に　　5，4，4，3　圏

教 p.125

議席を割り振る方法を他にも調べ，それぞれの方法を比較してみよう。

解答　（例1）　「ジェファーソン方式」

ジェファーソン方式では，アダムズ方式の手順②において，各選挙区の人口を d で割った値が整数でない場合は小数点以下を切り捨てて整数にする。

たとえば，教科書 p.122 の問題について，各選挙区の人口を

$d=\dfrac{140000}{15}(=9333.33\cdots\cdots)$ で割った値は次の通りであった。

第1選挙区　$5.357\cdots\cdots$　　　第2選挙区　3.75
第3選挙区　$3.428\cdots\cdots$　　　第4選挙区　$2.464\cdots\cdots$

よって，各値の小数点以下を切り捨てた値は 5，3，3，2 で，その和は 13 であり，これは議席総数 15 と異なる。

そこで，$d'=8300$ とすると，各選挙区の人口を d' で割った値は

第1選挙区　$50000÷d'=\dfrac{500}{83}=6.024\cdots\cdots$

第2選挙区　$35000÷d'=\dfrac{350}{83}=4.216\cdots\cdots$

第3選挙区　$32000÷d'=\dfrac{320}{83}=3.855\cdots\cdots$

第4選挙区　$23000÷d'=\dfrac{230}{83}=2.771\cdots\cdots$

ここで，各値の小数点以下を切り捨てた値は 6，4，3，2 で，その和は議席総数 15 と一致する。したがって，これらを議席数とすればよい。

（例2）　「ウェブスター方式」

ウェブスター方式では，アダムズ方式の手順②において，各選挙区の人口を d で割った値が整数でない場合は小数第1位を四捨五入して整数にする。

たとえば，教科書 $p.122$ の問題について，各選挙区の人口を

$d=\frac{140000}{15}$ ($=9333.33\cdots\cdots$) で割った値の小数第1位を四捨五入した値は 5，4，3，2 で，その和は 14 であり，これは議席総数 15 と異なる。

そこで $d'=9200$ とすると，各選挙区の人口を d' で割った値は

第1選挙区　$50000\div d'=\frac{125}{23}=5.434\cdots\cdots$

第2選挙区　$35000\div d'=\frac{175}{46}=3.804\cdots\cdots$

第3選挙区　$32000\div d'=\frac{80}{23}=3.478\cdots\cdots$

第4選挙区　$23000\div d'=\frac{5}{2}=2.5$

ここで，各値の小数第1位を四捨五入した値は，5，4，3，3 で，その和は議席総数 15 と一致する。したがって，これらを議席数とすればよい。

(例3)　「ドント方式」

次の手順で議席を割り振る。

① 各選挙区の人口を 1，2，3，……で割っていく。

② 各選挙区のそれぞれの商のうち，大きいものから順に議席数と同じ数だけ選ぶ。

③ 各選挙区に対して，選んだ数の個数を議席として割り振る。

たとえば，教科書 $p.122$ の問題について，各選挙区の人口を 1，2，3，……で割った商のうち，大きいものから順に 15 個の数を選ぶと，順に次の表の [1]～[15] のようになる。

割る数 ＼ 選挙区	第1選挙区 (50000)	第2選挙区 (35000)	第3選挙区 (32000)	第4選挙区 (23000)
1	50000[1]	35000[2]	32000[3]	23000[5]
2	25000[4]	17500[6]	16000[8]	11500[11]
3	16666[7]	11666[10]	10666[12]	7666
4	12500[9]	8750[14]	8000	5750
5	10000[13]	7000	6400	4600
6	8333[15]	5833	5333	3833

各選挙区について，[1]～[15] の数は順に 6 個，4 個，3 個，2 個であるから，各選挙区への議席数の割り振りは順に 6，4，3，2 となる。

以上より，それぞれの方法を比較すると，最大剰余方式は 1 回の作業で議席数を決定でき，計算量も最も少ない。ドント方式も 1 回の作業で議席数を決定できるが，計算量が多くなる。アダムズ方式，ジェファーソン方式，ウェブスター方式では，選挙区の人口を割る作業を複数回行わなければならない

場合が多いから，やはり計算量が多くなる。　終

参考　教科書 $p.122$ の問題について，総議席数を 16 とするとき，(例1)〜(例3)の
3つの方式で議席を割り振ると，次のようになる。

　　　ジェファーソン方式　　順に 6, 4, 4, 2 （$d'=8000$ とする）
　　　ウェブスター方式　　　順に 5, 4, 4, 3 （$d'=9100$ とする）
　　　ドント方式　　　　　　順に 6, 4, 4, 2

なお，ジェファーソン方式とドント方式については結果が一致することが知られている。

B スポーツの採点競技

教 p.127

練習 16

ある合唱コンクールでは，10 人の審査員による採点が行われる。次の表は，3つの合唱団 A，B，C の採点結果である。20% トリム平均が最も高い合唱団が優勝する場合，どの合唱団が優勝するか答えよ。

	①	②	③	④	⑤	⑥	⑦	⑧	⑨	⑩
A	4	5	4	5	4	7	4	10	4	8
B	3	5	8	3	8	3	3	9	8	5
C	1	7	6	6	5	5	6	6	7	6

（単位は点）

指針　**トリム平均の利用**　まず，それぞれの採点結果を大きさの順に並べる。20% トリム平均を求めるのであるから，両側から 20% ずつ，すなわち，2つずつを除外した残り6つの値の平均を求めればよい。

解答　A，B，C の採点結果を高い順に並べると次のようになる。

　　　A　10, 8, 7, 5, 5, 4, 4, 4, 4, 4
　　　B　　9, 8, 8, 8, 5, 5, 3, 3, 3, 3
　　　C　　7, 7, 6, 6, 6, 6, 6, 5, 5, 1

両側から 20% ずつ，すなわち，2つずつを除外した残りの6つの値の平均はそれぞれ

　　　A　$\dfrac{7+5+5+4+4+4}{6}=4.83\cdots\cdots$

　　　B　$\dfrac{8+8+5+5+3+3}{6}=5.33\cdots\cdots$

　　　C　$\dfrac{6+6+6+6+6+5}{6}=5.83\cdots\cdots$

よって，**C** が優勝する。　答

③ 変化をとらえる 〜移動平均〜

まとめ

1 時系列データと移動平均

1つの項目について，時間に沿って集めたデータを **時系列データ** という。時系列データに対して，各時点のデータを，その時点を含む過去の n 個のデータの平均値でおき換えたものを **移動平均** という。

たとえば，その年を含めて過去5年のデータ，すなわち5年分の平均値をとる移動平均を5年移動平均という。

移動平均を用いると，データの激しい変動がおさえられ，変化の傾向を大まかにとらえることができる。

2 移動平均のグラフ

移動平均のグラフは，大まかな変化の傾向をとらえやすくなる一方で，特徴的な変化や局所的な極端な変化が見えなくなる場合もある。

A 移動平均

教 p.130

練習 17 教科書130ページの表は，1971年から2020年までの50年間について，東京の8月の平均気温をまとめたものである。このデータについて，5年移動平均を求め，もとの気温のグラフとあわせて折れ線グラフに表してみよう。

指針 移動平均とグラフ 5年移動平均については

(1971年〜1975年の平均)→1975年，(1972年〜1976年の平均)→1976年，……，(2016年〜2020年の平均)→2020年のように対応させる。移動平均のグラフは，教科書 *p.*130 のグラフと同様に，1975年から始まることになる。

解答

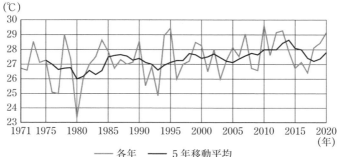

B 移動平均のグラフ

練習
18

次の①～④の文章は移動平均について述べた文章である。これらの文章のうち，正しいものをすべて選べ。

① 時系列データの折れ線グラフが変動の小さいグラフであれば，その移動平均を表す折れ線グラフも変動の小さいグラフである。

② 時系列データの折れ線グラフが変動の激しいグラフであれば，その移動平均を表す折れ線グラフも変動の激しいグラフである。

③ 移動平均を表す折れ線グラフが変動の小さいグラフであれば，もとの時系列データの折れ線グラフも変動の小さいグラフである。

④ 移動平均が常に増加している期間は，もとのデータの値も常に増加している。

指針 **もとの折れ線グラフと移動平均のグラフの関係**

移動平均の折れ線グラフはもとの時系列データの折れ線グラフよりも変化のしかたが緩慢になり，もとの時系列データに激しい変化があっても，それが反映しにくくなっていることなどを念頭において考えるとよい。

解答 ① もとの時系列データの最大値を M，最小値を m とおくと，
$m \leqq$(移動平均)$\leqq M$ が成り立つ。したがって，もとの時系列データの変動が小さければ，移動平均の変動も小さくなる。よって，正しい。

② もとの時系列データの変動が激しくても，たとえば，周期的に激しく変動するデータである場合は，その周期と同じ期間の移動平均の変動は激しくならない。
よって，正しくない。

③ ②と③は互いに対偶の関係にあるので真偽は一致する。よって，②が正しくないから，③も正しくない。

④ 時系列データが常に増加していない場合でも，移動平均を取る期間のデータの総和が増加していれば，移動平均は増加する。
したがって，移動平均が増加していても，もとの時系列データが常に増加しているとは限らない。よって，正しくない。

以上より，常に正しいものは　①　答

4 変化をとらえる ～回帰分析～

1 回帰直線

2つの変量 x, y の関係が最もよく当てはまると考えられる1次関数が $y=ax+b$ であるとき，直線 $y=ax+b$ を **回帰直線** という。

補足 回帰直線の式の求め方はいくつかある。

2 最小2乗法と回帰分析

2つの変量 x, y のデータが，次のように与えられているとする。

$$(x_1,\ y_1),\ (x_2,\ y_2),\ (x_3,\ y_3),\ \cdots\cdots,\ (x_n,\ y_n)$$

各点 $(x_k,\ y_k)$ が，$y=ax+b$ で表される直線上にあるとすると $y_k=ax_k+b$ である。そこで，y_k と ax_k+b の差の2乗の和

$$\{y_1-(ax_1+b)\}^2+\{y_2-(ax_2+b)\}^2+\cdots\cdots+\{y_n-(ax_n+b)\}^2$$

が最小となるように a, b を定めて，直線 $y=ax+b$ を回帰直線とする。
このような回帰直線の求め方を，**最小2乗法** という。
このように，変量 x, y の間の関係をデータから統計的に推測する方法を **回帰分析** という。

3 回帰直線の係数の決定

2つの変量 x, y のデータの値の組が n 個与えられたとき，最小2乗法による回帰直線 $y=ax+b$ の a, b の値は，x, y のデータの平均値を $\overline{x}$, $\overline{y}$, 分散を $s_x{}^2$, $s_y{}^2$, x と y の相関係数を r とすると $a=\dfrac{s_y}{s_x}r,\ b=\overline{y}-a\overline{x}$

4 変量 x, y の関係を近似する関数

2つの変量 x と y の関係を近似的に関数で表す場合，1次関数が最も適するとは限らず，2次関数や他の関数を用いる方がよい場合もある。

5 対数目盛

範囲が大きいデータを散布図に表すときには，目盛を対数目盛にすると分析しやすくなる場合がある。

A 回帰直線

教 p.134

練習19 教科書134ページの散布図から，平均気温とアイスクリーム・シャーベットの支出額の関係について，どのようなことがいえるか説明せよ。

指針 **散布図の読みとり** 一方が増加すると他方も増加する傾向がみられることから考える。

解答 （例）　散布図から，平均気温が高くなるほど，アイスクリーム・シャーベット
　　　　の支出額が高くなる傾向がみられる。
　　　　　　したがって，平均気温とアイスクリーム・シャーベットの支出額の間
　　　　には，正の相関があると考えられる。　終

練習
20

教 p.135

東京において，平均気温が 22.0℃ である月の1世帯あたりのアイ
スクリーム・シャーベットの支出額を，回帰直線を利用して予測せ
よ。ただし，小数第1位を四捨五入して答えよ。

指針 **回帰直線を用いた予測**　教科書 $p.135$ から，平均気温を x℃，アイスクリーム・
シャーベットの支出額を y 円とするとき，回帰直線の式は
$y=36.43x+191.72$ である。よって，この式に $x=22.0$ を代入すればよい。

解答 回帰直線の式 $y=36.43x+191.72$ に $x=22.0$ を代入して
　　　$y=36.43\times22.0+191.72=993.18$
したがって，1世帯あたりのアイスクリーム・シャーベットの支出額は **およ
そ 993 円** と予測される。　答

B 最小2乗法

練習
21

教 p.137

右の表は，同じ種類の5本の木
の太さ x(cm) と高さ y(m) を測
定した結果である。

木の番号	1	2	3	4	5
x	22	27	29	19	33
y	13	15	18	14	20

(1)　2つの変量 x, y の散布図
　をかけ。
(2)　2つの変量 x, y の回帰直線を表す1次関数を求めよ。また，
　その回帰直線を(1)の散布図に重ねてかけ。

指針 **最小2乗法による回帰直線の決定**
(2)　最小2乗法による回帰直線 $y=ax+b$ の係数 a, b は，平均値 $\overline{x}$, $\overline{y}$, 分
　　散 $s_x{}^2$, $s_y{}^2$, 相関係数 r によって　　$a=\dfrac{s_y}{s_x}r$ ……　①　　　$b=\overline{y}-a\overline{x}$ ……　②
　　で求める。ここで，x, y の共分散を s_{xy} とおけば，$r=\dfrac{s_{xy}}{s_xs_y}$ であるから，①
　　に代入すると　　$a=\dfrac{s_{xy}}{s_x{}^2}$ ……　③　　となる。③および②を用いて a, b を決
　　定すればよい。また，分散，共分散の求め方については数学Ⅰで学習済で
　　ある。

解答 (1) 散布図は右の図のようになる。

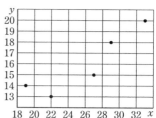

(2) x, y のデータの平均値は

$$\overline{x}=\frac{130}{5}=26, \quad \overline{y}=\frac{80}{5}=16$$

次に，これらの値をもとにして，下のような表を作る。

番号	x	y	$x-\overline{x}$	$y-\overline{y}$	$(x-\overline{x})(y-\overline{y})$	$(x-\overline{x})^2$
1	22	13	-4	-3	12	16
2	27	15	1	-1	-1	1
3	29	18	3	2	6	9
4	19	14	-7	-2	14	49
5	33	20	7	4	28	49
計	130	80			59	124

上の表から $s_x{}^2=\dfrac{124}{5}$, $s_{xy}=\dfrac{59}{5}$

よって $a=\dfrac{s_{xy}}{s_x{}^2}=\dfrac{59}{5}\div\dfrac{124}{5}=\dfrac{59}{124}=0.475\cdots$

$$b=\overline{y}-a\overline{x}=16-\frac{59}{124}\cdot 26=\frac{225}{62}=3.629\cdots$$

> データの各値と平均値との差を偏差といったね。

したがって $a=0.48$, $b=3.63$

ゆえに，回帰直線を表す 1 次関数は $\boldsymbol{y=0.48x+3.63}$ 答

さらに，(1)の散布図に回帰直線を重ねてかくと右の図のようになる。

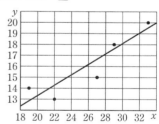

C 変量 x, y の関係を近似する関数

練習22 教 p.139

教科書 138 ページの速度と空走距離，速度と停止距離について，散布図をかいて，それぞれ 2 つの変量の関係を分析してみよう。(問題文の図は省略)

指針 **変量 x, y の関係を近似する関数** 散布図をかき，データが直線的に並んでいるか，そうでないかに着目するとよい。

解答 速度と空走距離の散布図，速度と停止距離の散布図はそれぞれ図1，図2の

ようになる。

図1

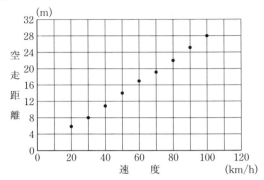

図2

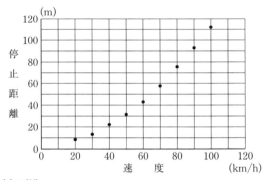

(分析の例)

図1から，時速と空走距離の間には，1次関数で近似できるような直線的な
関係があるようにみえる。

図2から，時速と停止距離の間の関係を近似するには，1次関数よりも他の
関数のほうが適しているようにみえる。　終

注意 設問においては散布図をかくための図が1つしか示されていないが，空走距
離の方は，示された図の縦軸のスケールと比べると変化が小刻みであり，点
がとりづらいため，上のように別々の図で示している。

参考 変量 x, y の関係がある曲線によって近似されるとき，この曲線を回帰曲線と
いう。たとえば，教科書 *p.*139 では，速度 x と制動距離 y の関係を近似する
2次関数 $y = 0.01x^2 - 0.173x + 2.1095$ ……　②
が示されているが，曲線②は回帰曲線であるといえる。

D 対数グラフ

練習 23
> 変量 x, y の関係が指数関数 $y=a^x$ で近似されるデータについて，y 軸だけを対数目盛にした散布図では，直線的な関係としてみることができる理由を説明せよ。

指針 **対数目盛と指数関数** 通常の座標平面上の点 (x, y) は，y 軸だけを対数目盛にした座標平面では点 $(x, \log_{10}y)$ に対応する。よって，$y'=\log_{10}y$ とおき，y' が近似的に x の 1 次式で表されることを示せばよい。

解答 変量 x, y の値の組を (x_1, y_1), (x_2, y_2), ……, (x_n, y_n) とする。また，変量 y に対し，変量 y' を $y'_k=\log_{10}y_k$ $(k=1, 2, ……, n)$ とする。ここで，変量 x, y の関係は $y=a^x$ より $\log_{10}y=\log_{10}a^x$,

> $\log_a b^r \Longleftrightarrow r\log_a b$
> だったね。

すなわち $\log_{10}y=x\log_{10}a$ で近似される
ことから，$\log_{10}y_k \fallingdotseq x_k\log_{10}a$,
すなわち $y'_k \fallingdotseq x_k\log_{10}a$ が成り立つので，
変量 x, y' の関係は $y'=x\log_{10}a$ で近似されることになる。
したがって，**y 軸だけを対数目盛にした散布図**，すなわち，**y が $\log_{10}y$ に対応する散布図**では，直線 $y=x\log_{10}a$ の近くに点が並ぶから，直線的な関係としてみることができる。 ■

総合問題

1 ※問題文は，教科書 142 ページを参照

指針 数列の和の最小

(1) S_n の式を平方完成する。

(2) $a_1=S_1$，$a_n=S_n-S_{n-1}$ $(n\geqq2)$ であることを利用する。また，理由の説明については，$a_n<0$ であるとき，n の増加にともなって S_n の値はどのように変化するのかに着目して考えるとよい。

解答 (1) $S_n=3n^2-70n=3\left(n^2-\dfrac{70}{3}n\right)$

$$=3\left(n-\dfrac{35}{3}\right)^2-3\cdot\left(\dfrac{35}{3}\right)^2=3\left(n-\dfrac{35}{3}\right)^2-\dfrac{1225}{3}$$

$\dfrac{35}{3}$ に最も近い自然数は 12 であるから，S_n が最小になるときの自然数 n は

$\boldsymbol{n=12}$ 答

(2) 初項 a_1 は

$$a_1=S_1=3\cdot1^2-70\cdot1=-67 \quad \cdots\cdots ①$$

$n\geqq2$ のとき

$$a_n=S_n-S_{n-1}$$
$$=(3n^2-70n)-\{3(n-1)^2-70(n-1)\}$$

すなわち $a_n=6n-73$

①より $a_1=-67$ であるから，この式は $n=1$ のときにも成り立つ。

したがって，一般項は $\boldsymbol{a_n=6n-73}$ 答

$a_n<0$ とすると，$6n-73<0$ より

$$n<\dfrac{73}{6}=12.1\cdots$$

よって，$a_n<0$ を満たす最大の自然数は $n=12$ であり，(1)で求めた n と一致する。 終

(理由)

上の結果より，$n\leqq12$ では $a_n<0$，$n\geqq13$ では $a_n>0$ となるから，初項から第 n 項までの和 S_n は，$n\leqq12$ においては減少し，$n\geqq13$ においては増加する。したがって，S_n が最小になるのは $n=12$ のときになる。

すなわち，$a_n<0$ を満たす最大の自然数 n と，S_n が最小になるときの自然数 n は一致する。 終

2 ※問題文は，教科書 142 〜 143 ページを参照

指針 $\displaystyle\sum_{k=1}^{n}k^2=\dfrac{1}{6}n(n+1)(2n+1)$ の証明

(1) [2] 各段の左から 1 番目の数は次のようになっている。

$$n, \quad n-1, \quad n-2, \quad \cdots\cdots, \quad n-(i-1), \quad \cdots\cdots$$
1段目　2段目　3段目　　　　　　i段目

また，各段の数は右に1つ行くごとに1増える。

[3]　各段の左から1番目の数は常に n である。また，各段の数は右に1つ行くごとに1減る。

(2)　(1)より，同じ位置にある3つの数の和は一定値 s であるから，

　　　(3つの三角形に含まれる数の総和)

$$= s \times (1 \text{つの三角形に含まれる数の個数})$$

　　が成り立つ。

解答　(1)　[1]　上から i 段目の数はすべて i であるから　　i　答

　　　　[2]　上から i 段目の左から1番目の数は $n-(i-1)$ であり，右に1つ行くごとに1増えるから，上から i 段目，左から j 番目の数は

$$n-(i-1)+(j-1) = n-i+j \quad \text{答}$$

　　　　[3]　上から i 段目の左から1番目の数は n であり，右に1つ行くごとに1減るから，上から i 段目，左から j 番目の数は

$$n-(j-1) = n-j+1 \quad \text{答}$$

　　　以上から，3つの数の和 s は

$$s = i+(n-i+j)+(n-j+1) = 2n+1 \quad \text{答}$$

(2)　(1)より，3つの三角形について，上から i 段目，左から j 番目の数の和 s は，その位置によらず $2n+1$ となる。

　　また，上から i 段目には i 個の数があるから，1つの三角形の中に含まれる数の個数は

$$1+2+3+\cdots\cdots+n = \frac{1}{2}n(n+1)$$

　　よって，3つの三角形の中に含まれるすべての数の和は

$$s \times \frac{1}{2}n(n+1)$$

　　一方，1つの三角形の中に含まれる数の和は S_n で表されるから，3つの三角形の中に含まれるすべての数の和は $3S_n$ である。

　　したがって　　$3S_n = s \times \dfrac{1}{2}n(n+1)$　……　①

答　$\dfrac{1}{2}n(n+1)$

(3)　①に(1)の結果を利用すると

$$S_n = \frac{1}{3} \times s \times \frac{1}{2}n(n+1) = \frac{1}{3} \times (2n+1) \times \frac{1}{2}n(n+1)$$

$$= \frac{1}{6}n(n+1)(2n+1)$$

したがって

$$1^2+2^2+3^2+\cdots\cdots+n^2=\frac{1}{6}n(n+1)(2n+1) \quad \boxed{答}$$

3 ※問題文は，教科書 143 ページを参照

指針 **正規分布の利用，母平均の推定**

(1) X を $N(0,1)$ に従う確率変数 Z に変換し，$P(X<5000)$ に対応する確率を求める。

(2) Y_1 については(1)と同様に行う。また，2 つの福袋 A のそれぞれの定価合計を X_1，X_2 とすれば，$Y_2=X_1+X_2$ となる。ここで，2 つの福袋 A を大きさ 2 の無作為標本と考え，$Y_2=2\cdot\dfrac{X_1+X_2}{2}=2\overline{X}$ として，$E(Y_2)$，$\sigma(Y_2)$ を求め，$N(0,1)$ に従う確率変数に変換する。

(3) 標本平均を $\overline{X}$，標本の標準偏差を S，標本の大きさを n とすると，母平均の信頼度 95％の信頼区間は
$$\left[\overline{X}-1.96\cdot\frac{S}{\sqrt{n}},\ \overline{X}+1.96\cdot\frac{S}{\sqrt{n}}\right]$$

(4) 信頼区間の幅とは，区間の両端の値の差であり，$2\times1.96\cdot\dfrac{S}{\sqrt{n}}$ となる。

解答 (1) 確率変数 X が正規分布 $N(5600,400^2)$ に従うとき，

$Z=\dfrac{X-5600}{400}$ は標準正規分布 $N(0,1)$ に従う。

$X=5000$ のとき，$Z=\dfrac{5000-5600}{400}=-1.5$ であるから，

求める確率は
$$P(X<5000)=P(Z<-1.5)=0.5-p(1.5)$$
$$=0.5-0.4332=\mathbf{0.0668} \quad \boxed{答}$$

(2) 確率変数 Y_1 が正規分布 $N(11200,800^2)$ に従うとき，

$Z_1=\dfrac{Y_1-11200}{800}$ は標準正規分布 $N(0,1)$ に従う。

$Y_1=10000$ のとき，$Z_1=\dfrac{10000-11200}{800}=-1.5$ であるから，

(1)と同様にして $P(Y_1<10000)=\mathbf{0.0668}$ $\boxed{答}$

次に，無作為抽出された 2 つの福袋 A の定価合計をそれぞれ X_1，X_2 とすると，$Y_2=X_1+X_2$ ……①

ここで，2 つの福袋 A は，福袋 A の母集団から抽出された大きさ 2 の無作為標本であるから，$\overline{X}=\dfrac{X_1+X_2}{2}$ ……②

は正規分布 $N\left(5600,\dfrac{400^2}{2}\right)$ に従い，$E(\overline{X})=5600$，$\sigma(\overline{X})=\dfrac{400}{\sqrt{2}}$

よって，①，②より，$Y_2=2\cdot\dfrac{X_1+X_2}{2}=2\overline{X}$ であるから，Y_2 も正規分布に

従い，$E(Y_2)=2E(\overline{X})=11200$，$\sigma(Y_2)=2\sigma(\overline{X})=400\sqrt{2}$ であるから，

$Z_2=\dfrac{Y_2-11200}{400\sqrt{2}}$ は標準正規分布 $N(0,\ 1)$ に従う。

$Y_2=10000$ のとき，$Z_2=\dfrac{10000-11200}{400\sqrt{2}}=-\dfrac{3\sqrt{2}}{2}\fallingdotseq-2.12$

であるから，求める確率は

$P(Y_2<10000)=P(Z_2<-2.12)=P(Z_2>2.12)$
$=0.5-p(2.12)=0.5-0.4830$
$=\textbf{0.0170}$ 答

(3) 標本の平均値は $\overline{X}=5600$，標本の標準偏差は $S=400$，標本の大きさは $n=100$ であるから

$$1.96\cdot\dfrac{S}{\sqrt{n}}=1.96\cdot\dfrac{400}{\sqrt{100}}=78.4$$

よって，求める信頼区間は

$[5600-78.4,\ 5600+78.4]$

すなわち $[5521.6,\ 5678.4]$

したがって **[5522，5678]** ただし，単位は円 答

(4) 標本の大きさを n とすると，信頼度 95% の信頼区間の幅は

$$2\times1.96\cdot\dfrac{400}{\sqrt{n}}$$

$2\times1.96\cdot\dfrac{400}{\sqrt{n}}\leqq100$ より $\sqrt{n}\geqq15.68$

よって $n\geqq245.8624$

したがって，**246 以上** にすればよい。 答

第1章 数列

① 数列と一般項

1 一般項が次の式で表される数列 $\{a_n\}$ について，初項から第 4 項までを求めよ。

   (1) $a_n = 3n - 1$ (2) $a_n = n(2n+1)$ (3) $a_n = \dfrac{n}{2^n}$ ▶ 教 p.9 練習 2

② 等差数列

2 次のような等差数列の初項から第 5 項までを書け。
   (1) 初項 5，公差 3   (2) 初項 35，公差 -7 ▶ 教 p.10 練習 4

3 次のような等差数列 $\{a_n\}$ の一般項を求めよ。また，第 10 項を求めよ。

   (1) 初項 3，公差 2   (2) 初項 $\dfrac{1}{2}$，公差 $-\dfrac{1}{2}$ ▶ 教 p.11 練習 6

4 次のような等差数列 $\{a_n\}$ の一般項を求めよ。
   (1) 第 5 項が 10，第 10 項が 20   (2) 第 10 項が 100，第 100 項が 10
                                                    ▶ 教 p.11 練習 7

5 一般項が $a_n = -2n + 3$ で表される数列 $\{a_n\}$ は等差数列であることを示せ。また，初項と公差を求めよ。   ▶ 教 p.12 練習 8

6 次の数列が等差数列であるとき，x の値を求めよ。

   (1) $x,\ -1,\ 4,\ \cdots\cdots$ (2) $\dfrac{1}{9},\ \dfrac{1}{x},\ \dfrac{1}{18},\ \cdots\cdots$ ▶ 教 p.12 練習 9

③ 等差数列の和

7 初項 20，公差 -5 の等差数列の初項から第 n 項までの和 S_n を求めよ。
                                                    ▶ 教 p.14 練習 11

8 次の和を求めよ。
   (1) $1 + 2 + 3 + \cdots\cdots + 50$ (2) $2 + 4 + 6 + \cdots\cdots + 80$ ▶ 教 p.15 練習 13

9 初項が -29，公差が 3 である等差数列 $\{a_n\}$ がある。
   (1) 第何項が初めて正の数になるか。
   (2) 初項から第 n 項までの和が最小であるか。また，その和を求めよ。
   ▶ 教 p.15 練習14

4 等比数列

10 次のような等比数列の初項から第 5 項までを書け。

   (1) 初項 1，公比 -2 (2) 初項 54，公比 $\dfrac{1}{3}$ ▶ 教 p.16 練習15

11 次のような等比数列 $\{a_n\}$ の一般項を求めよ。また，第 5 項を求めよ。
   (1) 初項 5，公比 3 (2) 初項 4，公比 -2
   (3) 初項 -7，公比 2 (4) 初項 8，公比 $-\dfrac{1}{3}$ ▶ 教 p.17 練習17

12 次の等比数列 $\{a_n\}$ の一般項を求めよ。
   (1) $1,\ 2,\ 4,\ \cdots\cdots$ (2) $6,\ 2\sqrt{3},\ 2,\ \cdots\cdots$
   (3) $8,\ -12,\ 18,\ \cdots\cdots$ (4) $1,\ -\dfrac{1}{2},\ \dfrac{1}{4},\ \cdots\cdots$ ▶ 教 p.17 練習18

13 次のような等比数列 $\{a_n\}$ の一般項を求めよ。
   (1) 第 5 項が -48，第 7 項が -192
   (2) 第 4 項が 3，第 6 項が 27 ▶ 教 p.18 練習19

14 数列 $-10,\ x,\ -5,\ \cdots\cdots$ が等比数列であるとき，x の値を求めよ。
   ▶ 教 p.18 練習20

5 等比数列の和

15 初項から第 3 項までの和が 21，第 2 項から第 4 項までの和が 42 である
   等比数列の初項 a と公比 r を求めよ。   ▶ 教 p.20 練習22

6 和の記号 $\sum$

16 恒等式 $(k+1)^4 - k^4 = 4k^3 + 6k^2 + 4k + 1$ と和 $\displaystyle\sum_{k=1}^{n} k^2$，$\displaystyle\sum_{k=1}^{n} k$ の公式を用いて，

   等式 $\displaystyle\sum_{k=1}^{n} k^3 = \left\{ \dfrac{1}{2} n(n+1) \right\}^2$ を証明せよ。   ▶ 教 p.25 練習23

17 次の(1)～(3)の式を和を，記号 $\sum$ を用いないで，項を書き並べて表せ。(4), (5)の式を和の記号 $\sum$ を用いて書け。

(1) $\displaystyle\sum_{k=1}^{9} 3k$ (2) $\displaystyle\sum_{k=2}^{5} 2^{k+1}$ (3) $\displaystyle\sum_{i=1}^{n} \frac{1}{2i+1}$

(4) $3+4+5+6+7$ (5) $1^2+4^2+7^2+10^2+13^2+16^2$ ▶教 p.26 練習25

18 次の和を求めよ。

(1) $\displaystyle\sum_{k=1}^{50} 3$ (2) $\displaystyle\sum_{k=1}^{40} k$ (3) $\displaystyle\sum_{k=1}^{25} k^2$ (4) $\displaystyle\sum_{k=1}^{19} k^3$ ▶教 p.27 練習27

19 次の和を求めよ。

(1) $\displaystyle\sum_{k=1}^{n} (5k+4)$ (2) $\displaystyle\sum_{k=1}^{n} (k^2-4k)$ (3) $\displaystyle\sum_{k=1}^{n} (4k^3-1)$ (4) $\displaystyle\sum_{k=1}^{n-1} (k^3-k^2)$

▶教 p.28 練習28

7 階差数列

20 階差数列を利用して，次の数列 $\{a_n\}$ の一般項を求めよ。

(1) $3,\ 6,\ 11,\ 18,\ 27,\ \cdots$ (2) $1,\ 2,\ 6,\ 15,\ 31,\ \cdots\cdots$

▶教 p.31 練習31

21 初項から第 n 項までの和 S_n が，$S_n=n^2-4n$ で表される数列 $\{a_n\}$ の一般項 a_n を求めよ。 ▶教 p.31 練習32

8 いろいろな数列の和

22 恒等式 $\dfrac{1}{(4k-3)(4k+1)}=\dfrac{1}{4}\left(\dfrac{1}{4k-3}-\dfrac{1}{4k+1}\right)$ を利用して，和

$S=\dfrac{1}{1\cdot5}+\dfrac{1}{5\cdot9}+\dfrac{1}{9\cdot13}+\cdots\cdots+\dfrac{1}{(4n-3)(4n+1)}$ を求めよ。

▶教 p.32 練習33

23 次の和 S を求めよ。

$S=1\cdot1+2\cdot5+3\cdot5^2+4\cdot5^3+\cdots\cdots+n\cdot5^{n-1}$ ▶教 p.32 練習34

24 初項 1，公差 4 の等差数列を，次のような群に分ける。ただし，第 n 群には n 個の数が入るものとする。

$1 \mid 5,\ 9 \mid 13,\ 17,\ 21 \mid 25,\ 29,\ 33,\ 37 \mid 41,\ \cdots\cdots$

(1) 第 n 群の最初の数を n の式で表せ。

(2) 第 20 群に入るすべての数の和 S を求めよ。　　教 p.33 練習35

⑨　漸化式

25 次の条件によって定められる数列 $\{a_n\}$ の一般項を求めよ。

(1) $a_1=0,\ a_{n+1}=a_n+5$　　(2) $a_1=2,\ a_{n+1}=-3a_n$　　教 p.36 練習37

26 次の条件によって定められる数列 $\{a_n\}$ の一般項を求めよ。

(1) $a_1=2,\ a_{n+1}=a_n+5^n$　　(2) $a_1=2,\ a_{n+1}=a_n+4n+3$

教 p.36 練習38

27 次の□には，それぞれ同じ数が入る。適する数を求めよ。

(1) $a_{n+1}=3a_n-6$ を変形すると　$a_{n+1}-\square=3(a_n-\square)$

(2) $a_{n+1}=9-2a_n$ を変形すると　$a_{n+1}-\square=-2(a_n-\square)$

(3) $a_{n+1}-4a_n=1$ を変形すると　$a_{n+1}+\square=4(a_n+\square)$　　教 p.37 練習39

28 次の条件によって定められる数列 $\{a_n\}$ の一般項を求めよ。

(1) $a_1=2,\ a_{n+1}=3a_n-2$　　(2) $a_1=1,\ a_{n+1}=\dfrac{a_n}{3}+2$　　教 p.38 練習40

29 平面上に n 個の円があって，それらのどの 2 つも異なる 2 点で交わり，またどの 3 つも 1 点で交わらないとする。これらの n 個の円によって，交点はいくつできるか。　　教 p.39 研究 練習1

30 次の条件によって定められる数列 $\{a_n\}$ の一般項を求めよ。

(1) $a_1=2,\ a_2=5,\ a_{n+2}=5a_{n+1}-6a_n$

(2) $a_1=1,\ a_2=3,\ a_{n+2}=-6a_{n+1}-8a_n$　　教 p.42 発展 練習1

⑩ 数学的帰納法

31 数学的帰納法を用いて，次の等式を証明せよ。

(1) $1+4+7+\cdots\cdots+(3n-2)=\dfrac{1}{2}n(3n-1)$

(2) $1\cdot3+2\cdot4+3\cdot5+\cdots\cdots+n(n+2)=\dfrac{1}{6}n(n+1)(2n+7)$　p.44 練習41

32 n を 3 以上の自然数とするとき，次の不等式を証明せよ。

$3^n>5n+1$　🔢 p.45 練習42

33 n は自然数とする。11^n-1 は 10 の倍数であることを，数学的帰納法を用いて証明せよ。　🔢 p.46 練習43

1 次の数列 $\{a_n\}$ は，各項の逆数をとった数列が等差数列となる。このとき，x, y の値と数列 $\{a_n\}$ の一般項を求めよ。

(1)　1, $\dfrac{1}{3}$, $\dfrac{1}{5}$, x, y, ……　　　　(2)　1, x, $\dfrac{1}{2}$, y, ……

2 -5 と 15 の間に n 個の数を追加した等差数列を作ると，その総和が 100 になった。このとき，n の値と公差を求めよ。

3 等差数列をなす 3 つの数がある。その和が 15 で，2 乗の和が 83 である。この 3 つの数を求めよ。

4 次のような等比数列 $\{a_n\}$ の一般項を求めよ。ただし，公比は実数とする。

(1)　初項が -2，第 4 項が 128　　　(2)　第 2 項が 6，第 5 項が -48

(3)　第 3 項が 32，第 7 項が 2

5 1 日目に 10 円，2 日目に 30 円，3 日目に 90 円，……というように，前の日の 3 倍の金額を毎日貯金箱に入れていくと，1 週間でいくら貯金することができるか。

6 (1)　300 から 500 までの自然数のうち，次のような数は何個あるか。また，それらの和 S を求めよ。

　　(ア)　5 の倍数　　　　(イ)　7 で割ると 2 余る数

(2)　次の数の正の約数の和を求めよ。

　　(ア)　2^9　　　　　　(イ)　$2^5 \cdot 3^3$

7 a_1, a_2, a_3, a_4, ……は等比数列であり，$a_1 + a_2 = 4$，$a_3 + a_4 = 36$ である。この等比数列の一般項 a_n を求めよ。

8 数列 8, a, b が等差数列をなし，数列 a, b, 36 が等比数列をなすという。a, b の値を求めよ。

9 次の和を求めよ。

(1)　$\displaystyle\sum_{k=1}^{n} (2k-1)(2k+3)k$　　　　(2)　$\displaystyle\sum_{m=1}^{n} \left(\sum_{k=1}^{m} k \right)$

[10] 次の和 S を求めよ。

(1) $S = \dfrac{1}{2 \cdot 4} + \dfrac{1}{4 \cdot 6} + \dfrac{1}{6 \cdot 8} + \cdots\cdots + \dfrac{1}{2n(2n+2)}$

(2) $S = 1 \cdot 1 + 2 \cdot 4 + 3 \cdot 4^2 + \cdots\cdots + n \cdot 4^{n-1}$

[11] 次の条件によって定められる数列 $\{a_n\}$ の一般項を求めよ。

(1) $a_1 = 1$, $a_{n+1} = a_n + 2n - 3$ (2) $a_1 = 6$, $a_{n+1} = 4a_n - 9$

[12] 条件 $a_1 = 2$, $na_{n+1} = (n+1)a_n + 1$ によって定められる数列 $\{a_n\}$ の一般項を，$b_n = \dfrac{a_n}{n}$ のおき換えを利用することにより求めよ。

[13] 初項から第 n 項までの和 S_n が，次の式で表される数列 $\{a_n\}$ の一般項を求めよ。

(1) $S_n = n^3 + 2$ (2) $S_n = 2^n - 1$

[14] 数列 $\{a_n\}$ の初項から第 n 項までの和 S_n が，$S_n = 2a_n + n$ であるとき，$\{a_n\}$ の一般項を求めよ。

[15] 数列 $\dfrac{1}{1}$, $\dfrac{1}{2}$, $\dfrac{2}{2}$, $\dfrac{1}{3}$, $\dfrac{2}{3}$, $\dfrac{3}{3}$, $\dfrac{1}{4}$, $\dfrac{2}{4}$, $\dfrac{3}{4}$, $\dfrac{4}{4}$, $\cdots\cdots$ について，次の問いに答えよ。

(1) $\dfrac{5}{23}$ は第何項か。 (2) 第 150 項を求めよ。

(3) 初項から第 150 項までの和を求めよ。

[16] 表の出る確率が $\dfrac{1}{3}$ である硬貨を投げて，表が出たら点数を 1 点増やし，裏が出たら点数はそのままとするゲームについて考える。

0 点から始めて，硬貨を n 回投げたときの点数が偶数である確率 p_n を求めよ。ただし，0 は偶数と考える。

[17] 次の条件によって定められる数列 $\{a_n\}$ がある。

$a_1 = -1$, $a_{n+1} = a_n^2 + 2na_n - 2$ $(n = 1, 2, 3, \cdots\cdots)$

(1) a_2, a_3, a_4 を求めよ。

(2) 第 n 項 a_n を推測して，それを数学的帰納法を用いて証明せよ。

1　確率変数と確率分布

34 白玉6個と赤玉4個の入った袋から，2個の玉を同時に取り出すとき，出る白玉の個数を X とする。X の確率分布を求めよ。また，確率 $P(X \geqq 1)$ を求めよ。　▶️教 p.53 練習1

35 2個のさいころを同時に投げて，出る目の差の平方を X とするとき，X の確率分布を求めよ。また，確率 $P(1 \leqq X \leqq 16)$ を求めよ。　▶️教 p.53 練習2

2　確率変数の期待値と分散

36 白玉4個と黒玉6個の入った袋から，3個の玉を同時に取り出すとき，出る白玉の個数を X とする。確率変数 X の期待値を求めよ。▶️教 p.56 練習3

37 白玉と赤玉が3個ずつ入った袋の中から，3個の玉を同時に取り出すとき，出る白玉の個数を X とする。X の期待値と分散を求めよ。▶️教 p.59 練習7

38 X の確率分布が右の表のようになるとき，期待値 $E(X)$，分散 $V(X)$，標準偏差 $\sigma(X)$ を求めよ。　▶️教 p.60 練習8

X	1	2	3	4	5	計
P	$\dfrac{35}{70}$	$\dfrac{20}{70}$	$\dfrac{10}{70}$	$\dfrac{4}{70}$	$\dfrac{1}{70}$	1

3　確率変数の和と積

39 袋の中に1，2の数字を書いたカードがそれぞれ6枚，3枚の計9枚入っている。これらのカードをもとにもどさずに1枚ずつ2回取り出すとき，1回目のカードの数字を X，2回目のカードの数字を Y とする。このとき，X と Y の同時分布を求めよ。　▶️教 p.63 練習10

40 確率変数 X，Y の確率分布が次の表で与えられているとき，$X+Y$ の期待値を求めよ。

X	1	4	7	計
P	$\dfrac{1}{3}$	$\dfrac{1}{3}$	$\dfrac{1}{3}$	1

Y	2	4	6	計
P	$\dfrac{1}{4}$	$\dfrac{1}{4}$	$\dfrac{2}{4}$	1

▶️教 p.64 練習11

41 3つの確率変数 X, Y, Z の確率分布が，いずれも右の表で与えられるとき，$X+Y+Z$ の期待値を求めよ。 ▶️教 p.65 練習12

X	1	2	3	4	計
P	$\dfrac{6}{12}$	$\dfrac{3}{12}$	$\dfrac{2}{12}$	$\dfrac{1}{12}$	1

42 2つの確率変数 X, Y が互いに独立で，それぞれの確率分布が次の表で与えられるとき，XY の期待値を求めよ。 ▶️教 p.67 練習14

X	1	3	5	計
P	$\dfrac{5}{8}$	$\dfrac{1}{8}$	$\dfrac{2}{8}$	1

Y	4	7	10	計
P	$\dfrac{2}{5}$	$\dfrac{2}{5}$	$\dfrac{1}{5}$	1

43 3つの確率変数 X, Y, Z が互いに独立で，それぞれの確率分布が下の表で与えられているとき，次の問いに答えよ。 ▶️教 p.68 練習16

X	0	3	計
P	$\dfrac{2}{3}$	$\dfrac{1}{3}$	1

Y	1	5	計
P	$\dfrac{3}{4}$	$\dfrac{1}{4}$	1

Z	2	4	計
P	$\dfrac{1}{2}$	$\dfrac{1}{2}$	1

(1) XYZ の期待値を求めよ。　　　(2) $X+Y+Z$ の分散を求めよ。

④ 二項分布

44 次の確率変数 X の期待値，分散，標準偏差を求めよ。

(1) 1個のさいころを 20 回投げて 3 以上の目が出る回数 X

(2) 不良品が 1% 含まれる製品の山から 1 個を取り出して不良品かどうかを調べることを 400 回繰り返すとき，不良品を取り出す回数 X

▶️教 p.72 練習19

⑤ 正規分布

45 正規分布 $N(m, \sigma^2)$ に従う確率変数 X について，$Z=\dfrac{X-3}{5}$ が標準正規分布 $N(0, 1)$ に従うとき，m, σ の値を求めよ。 ▶️教 p.78 練習21

46 確率変数 Z が標準正規分布 $N(0, 1)$ に従うとき，次の確率を求めよ。

(1) $P(0 \leqq Z \leqq 1.54)$　　(2) $P(-2 \leqq Z \leqq 1)$　　(3) $P(-1.2 \leqq Z)$

▶️教 p.79 練習22

47 ある市の男子高校生 500 人の身長は，平均 170.0cm，標準偏差 5.5cm である。身長の分布を正規分布とみなすとき，次の問いに答えよ。

(1) 身長が 180cm 以上の男子は約何%いるか。%は，小数点以下を四捨五入して整数で答えよ。

(2) 身長が 165cm 以上 175cm 以下の男子は約何人いるか。小数点以下を四捨五入して整数で答えよ。 ▶️ 教 p.81 練習24

6 母集団と標本

48 1，2，3，4 の数字を記入したカードが，それぞれ 1，2，3，4 枚の合計 10 枚ある。これを母集団とし，カードの数字を変量とするとき，母集団分布を求めよ。また，母平均，母標準偏差を求めよ。 ▶️ 教 p.89 練習27

7 標本平均の分布

49 母平均 80，母標準偏差 5 の十分大きい母集団から，大きさ 64 の標本を抽出するとき，その標本平均 $\overline{X}$ の期待値と標準偏差を求めよ。

▶️ 教 p.92 練習28

50 不良品が全体の 10% 含まれる大量の製品の山から大きさ 400 の無作為標本を抽出するとき，不良品の標本比率を R とする。

(1) R は近似的にどのような正規分布に従うとみなすことできるか。

(2) $0.0925 \leqq R \leqq 0.115$ となる確率を求めよ。 ▶️ 教 p.94 練習30

8 推定

51 ある工場で生産している製品の中から，400 個を無作為抽出して重さを量ったところ，平均値 30.21kg，標準偏差 1.21kg であった。この製品の重量の平均値を 95% の信頼度で推定せよ。ただし，小数第 2 位を四捨五入して小数第 1 位まで求めよ。 ▶️ 教 p.98 練習32

52 ある工場の製品から，無作為抽出で大きさ 3600 の標本を選んだところ，72 個の不良品があった。不良品の母比率 p を信頼度 95% で推定せよ。ただし，小数第 4 位を四捨五入して小数第 3 位まで求めよ。 ▶️ 教 p.99 練習33

53 ある硬貨を 800 回投げたところ，裏が 430 回出た。この硬貨は，表と裏
の出やすさに偏りがあると判断してよいか，有意水準 5% で検定せよ。

> 教 p.103 練習34

54 ある種子の発芽率は，従来 60% であったが，それを発芽しやすいように
品種改良した新しい種子から無作為に 150 個抽出して種をまいたところ，
101 個が発芽した。品種改良によって発芽率が上がったと判断してよい
か，有意水準 1 % で検定せよ。

> 教 p.104 練習35

1 数直線上の原点 O に点 P がある。コインを投げて表が出たら正の向きに 1，裏が出たら負の向きに 1 だけ動くものとする。コインを 3 回投げ終わったとき，点 P の座標を X とする。X の確率分布を求めよ。

2 1 から 11 までの自然数から任意に 1 個の数 X を選ぶ。
(1)　X の期待値を求めよ。　　(2)　X の分散と標準偏差を求めよ。

3 a, b は定数で，$a>0$ とする。確率変数 X の期待値が m，標準偏差が σ であるとき，1 次式 $Y=aX+b$ によって，期待値 0，標準偏差 1 である確率変数 Y をつくりたい。a, b の値を求めよ。

4 50 円硬貨 2 枚，100 円硬貨 3 枚を同時に投げて，表の出る 50 円硬貨の枚数を X，表の出る 100 円硬貨の枚数を Y とする。このとき，表の出る枚数の和 $X+Y$ の期待値を求めよ。

5 A の袋には赤玉 3 個と白玉 2 個，B の袋には赤玉 1 個と白玉 4 個が入っている。A，B の袋から 2 個ずつ同時に取り出し，赤玉 1 個につき 100 円，白玉 1 個につき 50 円を，それぞれ受け取ることにする。合計金額の期待値と標準偏差を求めよ。

6 1 個のさいころを 8 回投げるとき，4 以上の目が出る回数を X とする。
(1)　4 以上の目が 3 回以上出る確率を求めよ。
(2)　確率変数 X の期待値と標準偏差を求めよ。

7 確率変数 Z が標準正規分布 $N(0,\ 1)$ に従うとき，次の確率を求めよ。
(1)　$P(Z\geqq1)$　　　(2)　$P(Z\leqq0.5)$　　　(3)　$P(-1\leqq Z\leqq2)$

8 1 枚の硬貨を 400 回投げて，表の出る回数を X とするとき，$200\leqq X\leqq220$ となる確率を，標準正規分布 $N(0,\ 1)$ で近似する方法で求めよ。

9 ある県における高校 2 年生の男子の身長の平均は 170.0 cm，標準偏差は 5.5 cm である。身長の分布を正規分布とみなすとき，この県の高校 2 年生の男子の中で，身長 180 cm 以上の人は約何 % いるか。小数第 2 位を四捨五入して小数第 1 位まで求めよ。

10 確率変数 X の確率密度関数 $f(x)$ が $f(x) = \dfrac{2}{3}x \ (0 \leqq x \leqq \sqrt{3}\,)$ で表されるとき，X の期待値，分散，標準偏差を求めよ。

11 1, 2, 3 の数字を記入したカードが，それぞれ 2 枚，2 枚，1 枚ある。この 5 枚のカードを母集団として，カードの数字を X とする。
(1) 母集団分布を求めよ。　　(2) 母平均，母標準偏差を求めよ。

12 1, 1, 2, 2, 2, 3, 3, 3, 3, 4 の数字を記入した 10 枚のカードが袋の中にある。10 枚のカードを母集団，カードに書かれている数字を変量とする。
(1) 母集団分布を求めよ。　　(2) 母平均，母標準偏差を求めよ。
(3) この母集団から無作為に 1 枚ずつ 4 枚の標本を復元抽出する。標本平均 $\overline{X}$ の期待値と標準偏差を求めよ。

13 全国の有権者の内閣支持率が 50% であるとき，無作為抽出した 2500 人の有権者の内閣支持率を R とする。R が 48% 以上 52% 以下である確率を求めよ。

14 ある県の高校生に 100 点満点の英語の試験を実施したところ，平均的 58 点，標準偏差 12 点であった。この母集団から無作為に 100 人の標本を抽出したとき，その標本平均 $\overline{X}$ が 55 点以上 61 点以下である確率を求めよ。

15 ある試験を受けた高校生の中から，100 人を無作為抽出したところ，平均的は 58.3 点であった。母標準偏差を 13.0 点として，この試験の平均的 x に対して，信頼度 95% の信頼区間を求めよ。ただし，小数第 2 位を四捨五入して小数第 1 位まで答えよ。

16 数千枚の答案の採点をした。信頼度 95%，誤差 2 点以内でその平均的を推定したいとすると，少なくとも何枚以上の答案を抜き出して調べればよいか。ただし，従来の経験で点数の標準偏差は 15 点としてよいことはわかっているものとする。

17 ある 1 個のさいころを 45 回投げたところ，6 の目が 11 回出た。このさいころは 6 の目が出やすいと判断してよいか，有意水準 5% で検定せよ。

18 ある集団の出生児を調べたところ，女子が 1540 人，男子が 1596 人であった。この集団における女子と男子の出生率は等しくないと判断してよいか，有意水準 5% で検定せよ。

第3章　数学と社会生活

❶　数学を活用した問題解決

55 北岳の山頂の標高は 3193 m である。北岳の山頂を見ることができる場所 P と北岳の山頂 T を結ぶ線分の長さを x km とする。地球の形は完全な球であるとし，その半径は 6378 km であるとするとき，次の問いに答えよ。ただし，場所 P の標高は 0 km であるとする。

(1) 地球の中心を O とし，x が最大となるように P の位置を定めるとき，∠OPT を求めよ。

(2) x の最大値を求めよ。ただし，小数第1位を四捨五入し，整数で答えよ。　　　　　❯❯教 p.112 練習 1

※問題 56 ～ 58 は，教科書 116 ページの 3 種類の電球について考察せよ。

56 1 個の電球を 1 日 12 時間点灯で 40 日だけ使用する場合，3 種類の電球それぞれについて，かかる費用を求めよ。また，求めた結果をもとに，費用をおさえるにはどの電球を購入すればよいか答えよ。　❯❯教 p.116 練習 6

57 電球型蛍光灯，LED 電球それぞれについて，使用時間が 10000 時間以下の場合に，使用時間と費用の関係のグラフを，教科書 117 ページのグラフと同じようにかけ。　　　　　❯❯教 p.117 練習 7

58 3 種類の電球について，いずれも 1 日に 12 時間点灯させるものとする。

(1) 電球を 500 日使用する場合，どの電球を購入すればよいか答えよ。

(2) 電球の使用日数によって，どの電球を購入するのがよいか考察せよ。　　　　　❯❯教 p.117 練習 8

※問題 59 ～ 62 は，教科書 119 ページのシェアサイクルに関する問題において，A，B からの貸出，返却の割合は右の表の通りとして解答せよ。

	A に返却	B に返却
A から貸出	0.3	0.7
B から貸出	0.6	0.4

59 1日目開始前の A，B にある自転車の台数の割合を，それぞれ a，b とする。ただし，a，b は $0 \leqq a \leqq 1$，$0 \leqq b \leqq 1$，$a+b=1$ を満たす実数で，n は自然数である。

(1) a_1，b_1 を，a，b を用いてそれぞれ表せ。

(2) a_{n+1}，b_{n+1} を，a_n，b_n を用いてそれぞれ表せ。

(3) $a=0.8$，$b=0.2$ のとき，a_3，b_3 を求めよ。　　　📗 p.120 練習9

60 a，b の値を変化させたとき，n が大きくなるにつれて，a_n，b_n の値がどのようになるかを，問題 59 で考えた関係式を用いて考察せよ。このとき，実数 p の絶対値が 1 より小さいとき，n が大きくなるにつれて p^n は 0 に近づくことを使ってよい。　　　📗 p.120 練習10

61 A，B で合計 52 台の自転車を貸し出すことを考える。1日目開始前の A，B にある自転車の台数をそれぞれ 24 台，28 台とする。

(1) 1日目終了後の A，B にある自転車の台数をそれぞれ求めよ。

(2) n 日目終了後の A，B にある自転車の台数を求め，それぞれのポートの最大収容台数を考察せよ。　　　📗 p.121 練習11

62 教科書 119 ページのシェアサイクルに関する問題において，A，B で合計 60 台の自転車を貸し出すとき，A，B それぞれの最大収容台数を，教科書 119 ページの社会実験の結果をもとに，次の手順で考察せよ。

① A にある台数が多くなる場合と，B にある台数が多くなる場合の自転車の貸し戻しの表をそれぞれ作る。

② 問題 59 と同様に，a_n, b_n についての関係式を立てる。

③ ②の関係式を用いて a_n, b_n の値の変化を調べ，最大収容台数を求める。このとき，実数 p の絶対値が 1 より小さいとき，n が大きくなるにつれて p^n は 0 に近づくことを使ってよい。　　📗 p.121 練習12

❷ 社会の中にある数学

63 ある都市には第1から第4までの4つの選挙区があり，議席総数は 12 である。また，それぞれの選挙区の人口は上の表の通りである。各選挙区の議席数が，その選挙区の人口にできるだけ比例しているようにするためには，12 の議席を各選挙区にどのように割り振ればよいだろうか。最大剰余方式を用いて求めよ。　　　📗 p.123 練習13

選挙区	第1	第2	第3	第4	合計
人口（人）	40000	25000	22000	13000	100000

64 問題 63 について，議席総数を 13 に増やした場合に 4 つの選挙区に議席を最大剰余方式を用いて割り振れ。また，問題 63 の結果と比べて，気付いたことを答えよ。　　　　　　　　　　　　　　　　　🔢 p.123 練習14

65 問題 63 について，議席総数を 13 に増やした場合に，教科書 124 ページのアダムズ方式で 4 つの選挙区に議席を割り振れ。　　　🔢 p.125 練習15

66 ある合唱コンクールでは，10 人の審査員 A ～ J による，1 点刻みの 0 ～ 10 点の点数をつける。次の表は 3 つの合唱団 X, Y, Z の採点結果である。20％トリム平均が最も高い合唱団が優勝する場合，どの合唱団が優勝するか答えよ。

	A	B	C	D	E	F	G	H	I	J
X	4	6	6	6	5	6	7	6	7	7
Y	4	6	4	3	3	5	9	4	8	6
Z	6	8	7	5	6	5	10	5	6	9

🔢 p.127 練習16

3　変化をとらえる　～移動平均～

67 教科書 128 ページのデータについて，10 年移動平均を求めよ。

🔢 p.130 練習17

4　変化をとらえる　～回帰分析～

68 右の表は，同じ種類の 5 本の木の太さ $x$cm と高さ $y$cm を測定した結果である。

木の番号	1	2	3	4	計
x	27	32	34	24	38
y	15	17	20	16	22

(1) 2 つの変量 x, y の回帰直線 $y=ax+b$ の a, b の値を求めよ。ただし，小数第 3 位を四捨五入して小数第 2 位まで求めよ。

(2) 同じ種類のある木は太さが 30 cm であった。この木の高さはどのくらいであると予測できるか答えよ。　　　　　　　　🔢 p.137 練習21

演習編の答と略解

注意 演習編の答の数値，図を示し，適宜略解，証明問題には略証を [ ] に入れて示した。

1 (1) $a_1=2$, $a_2=5$, $a_3=8$, $a_4=11$
　　(2) $a_1=3$, $a_2=10$, $a_3=21$, $a_4=36$
　　(3) $a_1=\dfrac{1}{2}$, $a_2=\dfrac{1}{2}$, $a_3=\dfrac{3}{8}$, $a_4=\dfrac{1}{4}$

2 (1) 5, 8, 11, 14, 17
　　(2) 35, 28, 21, 14, 7

3 (1) $a_n=2n+1$, $a_{10}=21$
　　(2) $a_n=-\dfrac{1}{2}n+1$, $a_{10}=-4$

4 (1) $a_n=2n$　(2) $a_n=-n+110$

5 初項 1，公差 -2
　　[$a_{n+1}-a_n=-2$ で一定であるから，
　　数列 $\{a_n\}$ は公差 -2 の等差数列]

6 (1) $x=-6$　(2) $x=12$

7 $S_n=\dfrac{5}{2}n(9-n)$　**8** (1) 1275 (2) 1640

9 (1) 第 11 項　(2) 第 10 項まで，和は -155

10 (1) 1, -2, 4, -8, 16
　　(2) 54, 18, 6, 2, $\dfrac{2}{3}$

11 (1) $a_n=5\cdot3^{n-1}$, $a_5=405$
　　(2) $a_n=(-2)^{n+1}$, $a_5=64$
　　(3) $a_n=-7\cdot2^{n-1}$, $a_5=-112$
　　(4) $a_n=8\left(-\dfrac{1}{3}\right)^{n-1}$, $a_5=\dfrac{8}{81}$

12 (1) 2^{n-1}　(2) $6\left(\dfrac{1}{\sqrt{3}}\right)^{n-1}$
　　(3) $8\left(-\dfrac{3}{2}\right)^{n-1}$　(4) $\left(-\dfrac{1}{2}\right)^{n-1}$

13 (1) $a_n=-3\cdot2^{n-1}$ または $a_n=-3(-2)^{n-1}$
　　(2) $a_n=\dfrac{1}{9}\cdot3^{n-1}$ または $a_n=-\dfrac{1}{9}(-3)^{n-1}$

14 $x=\pm5\sqrt{2}$　　**15** $a=3$, $r=2$

16 $\left[\displaystyle\sum_{k=1}^{n}\{(k+1)^4-k^4\}=\sum_{k=1}^{n}(4k^3+6k^2+4k+1)\right.$
　　左辺は　$(n+1)^4-1=n^4+4n^3+6n^2+4n$,
　　右辺は $4\displaystyle\sum_{k=1}^{n}k^3+2n^3+5n^2+4n$ から
　　$\displaystyle\sum_{k=1}^{n}k^3=\left\{\dfrac{1}{2}n(n+1)\right\}^2$ $\Big]$

17 (1) $3+6+9+12+15+18+21+24+27$
　　(2) $2^3+2^4+2^5+2^6$
　　(3) $\dfrac{1}{3}+\dfrac{1}{5}+\dfrac{1}{7}+\cdots\cdots+\dfrac{1}{2n+1}$
　　(4) $\displaystyle\sum_{k=1}^{5}(k+2)$　(5) $\displaystyle\sum_{k=1}^{6}(3k-2)^2$

18 (1) 150　(2) 820　(3) 5525　(4) 36100

19 (1) $\dfrac{1}{2}n(5n+13)$　(2) $\dfrac{1}{6}n(n+1)(2n-11)$
　　(3) $n(n^3+2n^2+n-1)$
　　(4) $\dfrac{1}{12}n(n-1)(n-2)(3n-1)$

20 (1) $a_n=n^2+2$
　　(2) $a_n=\dfrac{1}{6}(2n^3-3n^2+n+6)$

21 $a_n=2n-5$

22 $\dfrac{n}{4n+1}$　　**23** $\dfrac{(4n-1)\cdot5^n+1}{16}$

24 (1) $2n^2-2n+1$　(2) 17540

25 (1) $a_n=5n-5$　(2) $a_n=2(-3)^{n-1}$

26 (1) $a_n=\dfrac{5^n+3}{4}$　(2) $a_n=2n^2+n-1$

27 (1) 6　(2) 3　(3) $\dfrac{1}{3}$

28 (1) $a_n=3^{n-1}+1$　(2) $a_n=-2\left(\dfrac{1}{3}\right)^{n-1}+3$

29 $a_n=n^2-n$　[n 個の円によってできる交点
　の個数を a_n とすると　　$a_{n+1}=a_n+2n$]

30 (1) $a_n=3^{n-1}+2^{n-1}$
　　(2) $a_n=\dfrac{7\cdot(-2)^{n-1}-5\cdot(-4)^{n-1}}{2}$

31 [$n=k$ のとき成り立つと仮定すると
　　(1) $1+4+7+\cdots\cdots+(3k-2)+\{3(k+1)-2\}$
　　$=\dfrac{1}{2}k(3k-1)+(3k+1)=\dfrac{1}{2}(k+1)\{3(k+1)-1\}$
　　(2) $1\cdot3+2\cdot4+3\cdot5+\cdots\cdots+k(k+2)$
　　　$+(k+1)\{(k+1)+2\}$
　　$=\dfrac{1}{6}(k+1)\{(k+1)+1\}\{2(k+1)+7\}$]

32 [$n=k$ のとき成り立つと仮定すると
　　$3^{k+1}-\{5(k+1)+1\}=3\cdot3^k-(5k+6)$
　　$>3(5k+1)-(5k+6)=10k-3>0$]

33 [$n=k$ のとき成り立つと仮定すると

$11^{k+1}-1=11\cdot 11^k-1=11(10m+1)-1$
$\qquad =110m+10=10(11m+1)$]

34

X	0	1	2	計
P	$\dfrac{6}{45}$	$\dfrac{24}{45}$	$\dfrac{15}{45}$	1

$P(X\geqq 1)=\dfrac{13}{15}$

35

X	0	1	4	9	16	25	計
P	$\dfrac{6}{36}$	$\dfrac{10}{36}$	$\dfrac{8}{36}$	$\dfrac{6}{36}$	$\dfrac{4}{36}$	$\dfrac{2}{36}$	1

$P(1\leqq X\leqq 16)=\dfrac{7}{9}$

36 $\dfrac{6}{5}$　　　**37** 期待値 $\dfrac{3}{2}$, 分散 $\dfrac{9}{20}$

38 $E(X)=\dfrac{9}{5}$, $V(X)=\dfrac{24}{25}$, $\sigma(X)=\dfrac{2\sqrt{6}}{5}$

39

X＼Y	1	2	計
1	$\dfrac{5}{12}$	$\dfrac{3}{12}$	$\dfrac{8}{12}$
2	$\dfrac{3}{12}$	$\dfrac{1}{12}$	$\dfrac{4}{12}$
計	$\dfrac{8}{12}$	$\dfrac{4}{12}$	1

40 $\dfrac{17}{2}$　　　**41** $\dfrac{11}{2}$　　　**42** $\dfrac{72}{5}$

43 (1) 6　(2) 6

[$E(X)=1$, $E(Y)=2$, $E(Z)=3$ であり

(1) $E(XYZ)=E(X)E(Y)E(Z)$

(2) $E(X^2)=3$ から $V(X)=2$

同様にして $V(Y)=3$, $V(Z)=1$

$V(X+Y+Z)=V(X)+V(Y)+V(Z)$]

44 期待値, 分散, 標準偏差の順に

(1) $\dfrac{40}{3}$, $\dfrac{40}{9}$, $\dfrac{2\sqrt{10}}{3}$

(2) 4, $\dfrac{99}{25}$, $\dfrac{3\sqrt{11}}{5}$

[X は, 二項分布 (1) $B\left(20, \dfrac{2}{3}\right)$

(2) $B\left(400, \dfrac{1}{100}\right)$ にそれぞれ従う]

45 $m=3$, $\sigma=5$

46 (1) 0.4382　(2) 0.8185　(3) 0.8849

47 (1) 約 3 %　(2) 約 319 人

48

X	1	2	3	4	計
P	$\dfrac{1}{10}$	$\dfrac{2}{10}$	$\dfrac{3}{10}$	$\dfrac{4}{10}$	1

母平均 3, 母標準偏差 1

49 期待値　80, 標準偏差 $\dfrac{5}{8}$

50 (1) 正規分布 $N(0.1, 0.015^2)$　(2) 0.5328

[(1) $\dfrac{pq}{n}=\dfrac{0.1\times 0.9}{400}=\left(\dfrac{3}{200}\right)^2$

(2) $P(0.0925\leqq R\leqq 0.115)=P(-0.5\leqq Z\leqq 1)$

$=P(0\leqq Z\leqq 0.5)+P(0\leqq Z\leqq 1)$]

51 [30.1, 30.3]　ただし, 単位は kg

52 [0.015, 0.025]

53 表と裏の出やすさにかたよりがあると判断してよい

54 発芽率が上がったと判断できない

55 (1) 90°　(2) 202

56 LED 電球 1590.72 円, 電球型蛍光灯 842.56 円, 白熱電球 977.6 円　電球型蛍光灯を購入すればよい。

57

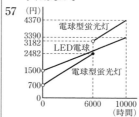

58 (1) 電球型蛍光灯

(2) 32 日間だけ使用するなら白熱電球, 32 日以上 500 日まで使用するなら電球型蛍光灯, 501 日を超えて使用するなら LED 電球を購入すればよい

59 (1) $a_1=0.3a+0.6b$, $b_1=0.7a+0.4b$

(2) $a_{n+1}=0.3a_n+0.6b_n$, $b_{n+1}=0.7a_n+0.4b_n$

(3) $a_3=0.4524$, $b_3=0.5476$

60 a, b の値によらず, n が大きくなるにつれて, a_n は $\dfrac{6}{13}$, b_n は $\dfrac{7}{13}$ に近づいていく

61 (1) A 24 台, B 28 台　(2) A 24 台, B 28 台 A, B の最大収容台数もそれぞれ 24 台, 28 台あればよい

62

	A に返却	B に返却
A から貸出	0.9	0.1
B から貸出	0.6	0.4

の場合, A の最大収容台数は　48 台

	A に返却	B に返却
A から貸出	0.5	0.5
B から貸出	0.2	0.8

の場合，B の最大収容台数は 40 台

63 順に 5，3，3，1

64 議席数は順に 5，3，3，2
議席総数が変わると，切り捨てた値の大きさ
が変わるため，残りの議席を割り振る選挙区
も変わる

65 5，3，3，2 ［各選挙区の人口を $d=9000$ で
割る］ **66** Z

67 1980 年，1990 年，2000 年，2010 年，
2020 年の順に 26.60，27.41，27.26，
27.52，27.93 （単位は℃）

68 (1) $a=0.48$，$b=3.25$ (2) 17.65 m

定期考査対策問題の答と略解

第 1 章

1 (1) $x=\dfrac{1}{7}$，$y=\dfrac{1}{9}$ ；$a_n=\dfrac{1}{2n-1}$

(2) $x=\dfrac{2}{3}$，$y=\dfrac{2}{5}$ ；$a_n=\dfrac{2}{n+1}$

$\Big[$(2) 数列 1，$\dfrac{1}{x}$，2，および数列 $\dfrac{1}{x}$，2，$\dfrac{1}{y}$ が
等差数列になるから
$2\cdot\dfrac{1}{x}=1+2$，$2\cdot 2=\dfrac{1}{x}+\dfrac{1}{y}$ これを解く$\Big]$

2 $n=18$，公差 $\dfrac{20}{19}$ ［この数列は，初項 -5，
末項 15，項数 $n+2$ の等差数列で，
初項から第 $(n+2)$ 項までの和を S とすると
$S=5n+10$]

3 3，5，7
［等差数列をなす 3 つの数を $b-d$，b，$b+d$ と
おくと，条件から $3b=15$，$3b^2+2d^2=83$ ］

4 (1) $a_n=-2(-4)^{n-1}$ (2) $a_n=-3(-2)^{n-1}$
(3) $a_n=128\left(\dfrac{1}{2}\right)^{n-1}$ または $a_n=128\left(-\dfrac{1}{2}\right)^{n-1}$

［初項を a，公比を r とすると
(2) $ar=6$，$ar^4=-48$ (3) $ar^2=32$，$ar^6=2$]

5 10930 円 $\left[\dfrac{10(3^7-1)}{3-1}\right]$

6 (1) 個数，和の順に
(ア) 41 個，16400 (イ) 29 個，11629
(2) (ア) 1023 (イ) 2520

[(1) (ア) 初項 300，末項 500，項数 41 の等差
数列

(イ) 初項 303，末項 499，項数 29 の等差数列

(2) (ア) $1+2+2^2+\cdots\cdots+2^9$

(イ) $(1+2+2^2+\cdots\cdots+2^5)(1+3+3^2+3^3)$]

7 $a_n=3^{n-1}$ または $a_n=-2(-3)^{n-1}$
［ 初項を a，公比を r とすると
$a(1+r)=4$，$ar^2(1+r)=36$]

8 $a=1$，$b=-6$ ；または $a=16$，$b=24$
［ $2a=b+8$，$b^2=36a$]

9 (1) $\dfrac{1}{6}n(n+1)(6n^2+14n-5)$

(2) $\dfrac{1}{6}n(n+1)(n+2)$

$\Big[$(2) $\displaystyle\sum_{m=1}^{n}\left(\sum_{k=1}^{m}k\right)=\sum_{m=1}^{n}\left\{\dfrac{1}{2}m(m+1)\right\}$
$=\dfrac{1}{2}\displaystyle\sum_{m=1}^{n}(m^2+m)$]

10 (1) $\dfrac{n}{4(n+1)}$ (2) $\dfrac{(3n-1)\cdot 4^n+1}{9}$

$\Big[$(1) $\dfrac{1}{2k(2k+2)}=\dfrac{1}{4}\left(\dfrac{1}{k}-\dfrac{1}{k+1}\right)$

(2) $S-4S=1+4+4^2+\cdots\cdots+4^{n-1}-n\cdot 4^n$]

11 (1) $a_n=n^2-4n+4$ (2) $a_n=3(4^{n-1}+1)$
［ (2) 漸化式を変形すると $a_{n+1}-3=4(a_n-3)$]

12 $a_n=3n-1$ ［漸化式の両辺を $n(n+1)$ で割っ
て，$\dfrac{a_{n+1}}{n+1}=\dfrac{a_n}{n}+\dfrac{1}{n(n+1)}$ から
$b_n=b_1+\displaystyle\sum_{k=1}^{n-1}\dfrac{1}{k(k+1)}=\dfrac{3n-1}{n}$ $b_1=2$]

13 (1) $a_1=3$，$n\geqq 2$ のとき $a_n=3n^2-3n+1$
(2) $a_n=2^{n-1}$ ［ $n\geqq 2$ のとき
(1) $a_n=S_n-S_{n-1}=3n^2-3n+1$
(2) $a_n=S_n-S_{n-1}=2^{n-1}$]

14 $a_n=-2^n+1$
［ $a_{n+1}=S_{n+1}-S_n=2a_{n+1}-2a_n+1$ から
$a_{n+1}=2a_n-1$ よって $a_{n+1}-1=2(a_n-1)$]

15 (1) 第 258 項 (2) $\dfrac{14}{17}$ (3) $\dfrac{1397}{17}$
［ 第 1 群から第 n 群までの項の総数は
$\dfrac{1}{2}n(n+1)$ (1) $\dfrac{1}{2}\cdot 22\cdot 23+5$
(2) $\dfrac{1}{2}(n-1)<150\leqq\dfrac{1}{2}n(n+1)$ から，
第 17 群の 14 番目の数
(3) 初項から第 n 群の最後の数までの和は

---

166 ● 演習編の答と略解

$\dfrac{1}{4}n(n+3)$ であるから

$\dfrac{1}{4}\cdot 16\cdot 19+\dfrac{1}{17}(1+2+\cdots\cdots+14)$]

⑯ $p_n=\dfrac{1}{2}\left\{1+\left(\dfrac{1}{3}\right)^n\right\}$ $\left[p_{n+1}=\dfrac{1}{3}p_n+\dfrac{1}{3}\right.$

変形して $\left.p_{n+1}-\dfrac{1}{2}=\dfrac{1}{3}\left(p_n-\dfrac{1}{2}\right)\right]$

⑰ (1) $a_2=-3,\ a_3=-5,\ a_4=-7$

[(2) (1)から，$a_n=-2n+1\cdots\cdots$(A) と推測される。$n=k$ のとき (A) が成り立つと仮定すると
$a_{k+1}=(-2k+1)^2+2k(-2k+1)-2$
$=-2k-1=-2(k+1)+1$]

第2章

①
X	-3	-1	1	3	計
P	$\dfrac{1}{8}$	$\dfrac{3}{8}$	$\dfrac{3}{8}$	$\dfrac{1}{8}$	1

② (1) 6　(2) 分散 10，標準偏差 $\sqrt{10}$

③ $a=\dfrac{1}{\sigma},\ b=-\dfrac{m}{\sigma}$

④ $\dfrac{5}{2}$ [X の期待値は $0\cdot\dfrac{1}{4}+1\cdot\dfrac{2}{4}+2\cdot\dfrac{1}{4}=1$，

Y の期待値は $0\cdot\dfrac{1}{8}+1\cdot\dfrac{3}{8}+2\cdot\dfrac{3}{8}+3\cdot\dfrac{1}{8}=\dfrac{3}{2}$

$X+Y$ の期待値は $1+\dfrac{3}{2}$]

⑤ 期待値 280 円，標準偏差 $10\sqrt{15}$ 円
[$X,\ X^2$ の期待値はそれぞれ 160，26500 で，X の分散は $26500-160^2=900$　Y の分散は，同様にして $15000-120^2=600$　$X,\ Y$ は互いに独立であるから，$X+Y$ の分散は $900+600=1500$]

⑥ (1) $\dfrac{219}{256}$　(2) 期待値 4，標準偏差 $\sqrt{2}$

[(2) X は二項分布 $B\left(8,\ \dfrac{1}{2}\right)$ に従うから

期待値は $8\cdot\dfrac{1}{2}$，標準偏差は $\sqrt{8\cdot\dfrac{1}{2}\left(1-\dfrac{1}{2}\right)}$]

⑦ (1) 0.1587　(2) 0.6915　(3) 0.8185
[(3) （与式）$=P(-1\leqq Z\leqq 0)+P(0\leqq Z\leqq 2)$
$=p(1)+p(2)=0.3413+0.4772$]

⑧ 0.4772 [$P(0\leqq Z\leqq 2)=p(2)$]

⑨ 約 3.4% [$P(X\geqq 180)=P(Z\geqq 1.82)$
$=0.5-p(1.82)$]

⑩ 期待値 $\dfrac{2\sqrt{3}}{3}$，分散 $\dfrac{1}{6}$，標準偏差 $\dfrac{\sqrt{6}}{6}$

⑪ (1)
X	1	2	3	計
P	$\dfrac{2}{5}$	$\dfrac{2}{5}$	$\dfrac{1}{5}$	1

(2) 母平均 $\dfrac{9}{5}$，母標準偏差 $\dfrac{\sqrt{14}}{5}$

⑫ (1)
X	1	2	3	4	計
P	$\dfrac{2}{10}$	$\dfrac{3}{10}$	$\dfrac{4}{10}$	$\dfrac{1}{10}$	1

(2) 母平均 $\dfrac{12}{5}$，母標準偏差 $\dfrac{\sqrt{21}}{5}$

(3) 期待値 $\dfrac{12}{5}$，標準偏差 $\dfrac{\sqrt{21}}{10}$

[(2) 母平均 m，母標準偏差 σ に対して，標本平均 $\overline{X}$ の期待値と標準偏差はそれぞれ $m,\ \dfrac{\sigma}{\sqrt{4}}$]

⑬ 0.9544 [$P(-2\leqq Z\leqq 2)=2p(2)$]

⑭ 0.9876 [$P(-2.5\leqq Z\leqq 2.5)=2p(2.5)$]

⑮ [55.8，60.8] ただし，単位は点

⑯ 217 枚以上 [n 枚の答案を抜き出すとき，その平均点を $\overline{X}$ とすると，答案全部の平均点 m に対して $|\overline{X}-m|\leqq 1.96\cdot\dfrac{15}{\sqrt{n}}$ よって，

$1.96\cdot\dfrac{15}{\sqrt{n}}\leqq 2$ を満たす n の最小値を求める]

⑰ 6 の目が出やすいとは判断できない
[このさいころを 1 回投げて 6 の目が出る確率を p とすると，$p\geqq\dfrac{1}{6}$ であることを前提として「$p=\dfrac{1}{6}$ である」という仮説を立てる]

⑱ 女子と男子の出生率は等しくないとは判断できない
[女子の出生率を p とし，「$p=0.5$ である」という仮説を立てる]

● 表紙デザイン
　株式会社リーブルテック

初版
第1刷　2023年3月1日　発行
第2刷　2024年3月1日　発行

教科書ガイド

数研出版 版

高等学校　数学B

ISBN978-4-87740-093-4

制　作　株式会社チャート研究所
発行所　**数研図書株式会社**

〒604-0861　京都市中京区烏丸通竹屋町上る
　　　　　　大倉町205番地

〔電話〕　075(254)3001

240102